H. Kück
unter Mitarbeit von E. Rohde und Mitarbeitenden von
KUECK Industries

Sichere Flucht- und Rettungswege

- ✓ nach ArbStättV und ASR
- ✓ mit Checklisten, Aushängen und Vorlagen zum Download

ecomed
SICHERHEIT

Bibliografische Informationen der Deutschen Nationalbibliothek

Die Deutsche Nationalbibliothek verzeichnet diese Publikation in der Deutschen Nationalbibliografie; detaillierte bibliografische Daten sind im Internet über <http://www.dnb.de> abrufbar.

Bei der Herstellung des Werkes haben wir uns zukunftsbewusst für umweltverträgliche und wiederverwertbare Materialien entschieden.

ISBN 978-3-609-68894-7

E-Mail: kundenservice@ecomed-storck.de

Telefon: 089/2183-7922
Telefax: 089/2183-7620

Im Sinne eines leichteren Leseflusses und zur Vermeidung grammatikalischer Verkomplizierungen werden bei der Bezeichnung verschiedener Personengruppen jeweils die männlichen Formen genannt, obwohl immer männliche oder weibliche Vertreter dieser Personengruppen gemeint sind.

Titelbild: Michael Ebhardt – fotolia.com

Satz: Fotosatz Buck, Kumhausen
Druck: WirmachenDruck

Vorwort

Alleine zwischen November 2022 und Ende Januar 2023 sind in Deutschland mehr als 10 Menschen in Pflegeeinrichtungen im Rahmen von Bränden gestorben. Bundesweit sind durchschnittlich rund 500 Brandopfer in Deutschland zu beklagen. Das zeigt die Notwendigkeit auf, auch im Bereich von Unternehmen und Arbeitsstätten für sichere und gesicherte Flucht- und Rettungswege zu sorgen.

Dass es niemals in einem Unternehmen brennen kann, ist ein Märchen, welches das Oberverwaltungsgericht Münster schon 1987 mit den Worten *„Es entspricht der Lebenserfahrung, dass mit der Entstehung eines Brandes praktisch jederzeit gerechnet werden muss. Der Umstand, dass in vielen Gebäuden jahrelang kein Brand ausbricht, beweist nicht, dass keine Gefahr besteht, sondern stellt für die Betroffenen einen Glücksfall dar, mit dessen Ende jederzeit gerechnet werden muss!“* mit einem Urteil vom Tisch gewischt hat (Az. 10A 363/86 vom 11.12.1987). Die Alltagsrealität bestätigt dies täglich in Deutschland. Jede Feuerwehr kann darüber berichten.

Daher muss es also Arbeitgebern und Unternehmern in enger Zusammenarbeit mit ihren Fachkräften für Arbeitssicherheit, Fachplanern und anderen Experten ein Anliegen sein, für den sicheren Weg ins Freie zu sorgen. Dabei kann dieses Buch helfen. Eine umfangreiche Änderung der Technischen Regeln im Jahr 2022 machte eine Überarbeitung dieses Buches notwendig.

Herne, im Februar 2023 Holger Kück

Inhalt

Kapitel 1 Notwendigkeit von Flucht- und Rettungswegen

Flucht- und Rettungswege retten Leben! Spätestens seit den Anschlägen in den USA am 11. September 2001 wissen wir das. Denn viele Überlebende haben später berichtet, dass sie einfach den vorhandenen Fluchtwegen und deren Markierungen nachgelaufen sind und so den Weg in Freie gefunden haben.

In Deutschland ist die Notwendigkeit von Flucht- und Rettungswegen auf dreierlei Wegen gesetzlich geregelt:

1. im Bauordnungsrecht der Länder
2. im Arbeitsstättenrecht
3. in Unfallverhütungsvorschriften

Bedauerlicherweise sind diese drei Rechtsgebiete nicht immer kompatibel zueinander, da das Bauordnungsrecht im Entscheidungsbereich der Bundesländer angesiedelt ist, wohingegen das Arbeitsstättenrecht Bundesrecht ist. Auf dieser Ebene kommen dann noch die Forderungen der gesetzlichen Unfallversicherungsträger aus ihren Unfallverhütungsvorschriften dazu.

Hinweis:

Das Unfallverhütungsrecht der Berufsgenossenschaften und Unfallkassen hat rechtsverbindlichen Charakter. Dieser ergibt sich aus einem entsprechenden Ermächtigungsgrundsatz, der im 7. Sozialgesetzbuch (SGB VII) geregelt ist. Mit anderen Worten heißt das: Forderungen aus Unfallverhütungsvorschriften sind einzuhalten, so ihnen nicht andere staatliche Regelungen entgegenstehen.

1.1 Bauordnungsrecht

Das Bauordnungsrecht ist – wie bereits geschrieben – eine Angelegenheit der Bundesländer. Daher ist es an dieser Stelle nicht möglich, auf die unterschiedlichen länderrechtlichen Bestimmungen im Detail einzugehen. Da es jedoch eine Musterbauordnung (MBO) – herausgegeben von der Fachgruppe Bauaufsicht der Bauministerkonferenz (bauministerkonferenz.de) – gibt, an der sich die Länder orientieren sollen, wird nachfolgend auf diese (Stand September 2020) eingegangen. Als Leser bleibt Ihnen aber im Zweifel keine andere Wahl, als die Anforderungen aus der Musterbauordnung mit der jeweils in ihrem Bundesland geltenden Bauordnung abzugleichen.

Die wesentlichen Regelungen baurechtlicherseits finden sich zunächst in den §§ 33–37 MBO. Diese werden nachfolgend herangezogen.

Darüber hinaus gibt es spezielle – in den Bundesländern nicht einheitliche –, länderspezifische Regelungen für Versammlungsstätten, Industriebauten, Versammlungsstätten, Verkaufsstätten, Hochhäuser, Garagen usw. Diese konkretisieren häufig die Anforderungen an Flucht- und Rettungswege. In diesem Buch wurden dazu folgende Musterregelungen herangezogen, welche durch die genannte Fachgruppe Bauaufsicht herausgegeben wurden:

- Beherbergungsstättenverordnung (MBeVO, Stand 05/ 2014)
- Garagen- und Stellplatzverordnung (MGarStVO, Stand 09/2020)
- Hochhausbau- und Betriebsrichtlinie (MHHR, Stand 04/2008)
- Industriebaurichtlinie (MIndBauRL, Stand 05/2019)
- Schulbaurichtlinie (MSchulbauR, Stand 04/2009)
- Verkaufsstättenverordnung (MVKVO, Stand 07/2014)
- Versammlungsstättenverordnung (MVStättVO, Stand 07/2014)

1.2 Arbeitsstättenrecht

Die Arbeitsstättenverordnung regelt grundsätzlich in den §§ 3a und 4 die Notwendigkeit von Flucht- und Rettungswegen. Hier kommt dem § 3a Absatz 1 eine wichtige Bedeutung zu, denn dort heißt es:

> **§ 3a ArbStättV**
>
> (1) Beim Einrichten und Betreiben der Arbeitsstätten hat der Arbeitgeber die Maßnahmen nach § 3 Absatz 1 durchzuführen und dabei den Stand der Technik, Arbeitsmedizin und Hygiene, die ergonomischen Anforderungen sowie insbesondere die vom Bundesministerium für Arbeit und Soziales nach § 7 Absatz 4 bekannt gemachten Regeln und Erkenntnisse zu berücksichtigen. Bei Einhaltung der bekannt gemachten Regeln ist davon auszugehen, dass die in dieser Verordnung gestellten Anforderungen

diesbezüglich erfüllt sind. Wendet der Arbeitgeber diese Regeln nicht an, so muss er durch andere Maßnahmen die gleiche Sicherheit und den gleichen Schutz der Gesundheit der Beschäftigten erreichen.

Im Klartext: Wendet der Arbeitgeber hinsichtlich der Gestaltung von Flucht- und Rettungswegen und allem was damit zu tun hat, die vom Staat herausgegebenen Technischen Regeln an, hat er alles richtig gemacht.

Hier spricht man auch von einer Umkehr der Beweislast, denn in diesem Falle müsste der Staatsanwalt nach einem Schadensereignis nachweisen, dass der Arbeitgeber etwas falsch gemacht hat. Wählt der Arbeitgeber jedoch seinen eigenen Weg, so muss er im Schadensfall nachweisen, dass sein gewählter Weg mindestens genauso sicher war wie der vorgeschlagene staatliche Weg. Das dürfte spannend werden.

Darum werden in diesem Buch neben dem Recht stets Technische Regeln und andere Regelwerke, die den Stand der Technik abbilden können, herangezogen. Für die Flucht- und Rettungswege sind dies insbesondere die Technischen Regeln für Arbeitsstätten – kurz Arbeitsstättenregeln bzw. ASR. Folgende Arbeitsstättenregeln finden im Wesentlichen Eingang in dieses Buch:

- ASR V3 – Gefährdungsbeurteilung
- ASR A1.3 – Sicherheits- und Gesundheitsschutzkennzeichnung
- ASR A2.3 – Fluchtwege und Notausgänge

Hinweis:

Bitte beachten Sie, dass diese Technischen Regeln heute Arbeitsstätten**regeln** heißen. In der Vergangenheit gab es auch mal Arbeitsstätten**richtlinien**. Diese Arbeitsstättenrichtlinien sind aber seit 1.1.2013 nicht mehr gültig und wurden durch die Arbeitsstättenregeln abgelöst. Sie können auch kaum mehr als „Stand der Technik" herangezogen werden. Wird in Planunterlagen von der Einhaltung der Arbeitsstättenrichtlinien gesprochen, sollten Sie hellhörig werden.

Eine weitere wichtige Regelung ist in § 3a Absatz 4 der ArbStättV enthalten. Nach unseren Rechtsgrundsätzen wäre Bundesrecht gegenüber Landesrecht vorrangig zur Anwendung zu bringen. Das würde konkret bedeuten, dass die Forderungen der ArbStättV gegenüber dem Länderbaurecht als höherwertig anzusehen sind. Um ein möglichst hohes Schutzniveau zu erhalten, regelt vorbesagter § 3a Abs. 4 jedoch, dass das Länderrecht immer dann anzuwenden ist, wenn dieses **ein höheres Schutzniveau** fordert als die ArbStättV.

§ 3a ArbStättV

(4) Anforderungen in anderen Rechtsvorschriften, insbesondere im Bauordnungsrecht der Länder, gelten vorrangig, soweit sie über die Anforderungen dieser Verordnung hinausgehen.

Es gilt also stets zu prüfen, welches Recht denn nun tatsächlich als höherwertig einzustufen und anzuwenden ist. Das Stichwort dafür ist „Gefährdungsbeurteilung“. Dem trägt auch die Neufassung der ASR A2.3 Rechnung, indem sie bei den zulässigen Längen der Fluchtwege Folgendes formuliert: „Sofern es sich bei einem Hauptfluchtweg auch um einen Rettungsweg handelt und das Bauordnungsrecht der Länder, z.B. die Industriebaurichtlinie, für diesen Weg eine abweichende längere Weglänge zulässt, können dafür die Maßgaben des Bauordnungsrechts angewandt werden.“

1.3 Unfallverhütungsvorschriften

Mit § 21 Absatz 2 der DGUV Vorschrift 1 (*„Der Unternehmer hat Maßnahmen zu treffen, die es den Versicherten bei unmittelbarer erheblicher Gefahr ermöglichen, sich durch sofortiges Verlassen der Arbeitsplätze in Sicherheit zu bringen.“*) haben die Unfallversicherungsträger die grundsätzliche Notwendigkeit auch in ihren Regelwerken unterstrichen. Alle weiteren Regelungen überlassen sie dem Staat. Sie unterstützen lediglich durch Schriftenmaterial in Form von Informationen und durch eine Präzisierung in der DGUV Regel 100-001 das staatliche Anliegen.

Kapitel 2
Anforderungen an Flucht- und Rettungswege

2.1 Gefährdungsbeurteilung als Grundlage

Die Gefährdungsbeurteilung ist eine Grundforderung in unserem Arbeitsschutzrecht, geregelt in § 5 ArbSchG. Dort ist festgelegt, dass jeder Arbeitgeber die Bedingungen, unter denen bei ihm gearbeitet wird, zu beurteilen hat. Er hat mögliche Gefährdungen zu ermitteln, zu bewerten und Schutzmaßnahmen festzulegen. Diese Schutzmaßnahmen hat er umzusetzen und auf ihre Wirksamkeit hin zu prüfen. Für Arbeitsstätten wird dieses in § 3 ArbStättV konkretisiert.

§ 3 ArbStättV

(1) Bei der Beurteilung der Arbeitsbedingungen nach § 5 des Arbeitsschutzgesetzes hat der Arbeitgeber zunächst festzustellen, ob die Beschäftigten Gefährdungen beim Einrichten und Betreiben von Arbeitsstätten ausgesetzt sind oder ausgesetzt sein können. Ist dies der Fall, hat er alle möglichen Gefährdungen der Sicherheit und der Gesundheit der Beschäftigten zu beurteilen und dabei die Auswirkungen der Arbeitsorganisation und der Arbeitsabläufe in der Arbeitsstätte zu berücksichtigen. Bei der Gefährdungsbeurteilung hat er die physischen und psychischen Belastungen sowie bei Bildschirmarbeitsplätzen insbesondere die Belastungen der Augen oder die Gefährdung des Sehvermögens der Beschäftigten zu berücksichtigen. Entsprechend dem Ergebnis der Gefährdungsbeurteilung hat der Arbeitgeber Maßnahmen zum Schutz der Beschäftigten gemäß den Vorschriften dieser Verordnung einschließlich ihres Anhangs nach dem Stand der Technik, Arbeitsmedizin und Hygiene festzulegen. Sonstige gesicherte arbeitswissenschaftliche Erkenntnisse sind zu berücksichtigen.

Zu den Überlegungen im Hinblick auf mögliche Gefährdungen in einer Arbeitsstätte gehört zunächst also auch die einfache Fragestellung „Wie kommt man im Gefahrenfall möglichst schnell und sicher aus der Arbeitsstätte heraus?“. Dieser einfache Satz wirft direkt neue Fragen auf:

2.1.1 Wie kommt man aus der Arbeitsstätte heraus?

Es gilt zu klären, welche Wege denn aus den Räumlichkeiten der Arbeitsstätte heraus in einen gesicherten Bereich im Freien führen. Zuerst sind dazu alle Verkehrswege zu betrachten. Ergänzend dazu können möglicherweise Behelfswege, zum Beispiel durch Fenster, Notausstiege u.Ä. herangezogen werden.

Wie kommt man *möglichst schnell* aus der Arbeitsstätte heraus?

Diese Fragestellung stellt im Kern auf Weglängen und -führungen ab. Darauf wird in Abschnitt 2.3 eingegangen.

Wie kommt man *möglichst sicher* aus der Arbeitsstätte heraus?

Im ersten Augenblick könnte man meinen, dass das doch schon mit der Wahl des möglichst kürzesten Weges erreicht ist. Das alleine ist es aber nicht. Denn hier geht es auch um Fragestellungen wie

- Wie viele Menschen benutzen diese/n Weg/e?
- Wo führen diese Wege lang?
- Wie sind diese Wege gestaltet?
- Sind diese Wege und die Fluchtrichtung klar und eindeutig erkennbar?
- ...

Nach dem Prinzip der Gefährdungsbeurteilung müssten Sie sich jetzt zu jedem dieser Kriterien wieder zwei Fragen stellen:

- Wie hoch ist die Wahrscheinlichkeit, dass es zu einem Schaden kommt (Eintrittswahrscheinlichkeit)?
- Was kann dabei passieren (mögliches Schadensausmaß)?

Diese beiden Kriterien tragen Sie gegeneinander auf – zum Beispiel mit Hilfe einer Risikomatrix nach Nohl –, um eine Bewertung und damit eine Risikoabschätzung zu bekommen. Fachkräfte für Arbeitssicherheit kennen dieses Vorgehen.

Im Hinblick auf die Gefährdungsbeurteilung für Arbeitsstätten hat es der Gesetzgeber inzwischen aber einfacher gemacht, indem er die oben bereits erwähnten Technischen Regeln eingeführt hat. Denn dort ist bereits beschrieben, wann davon ausgegangen werden kann, dass ein Flucht- und Rettungsweg als sicher gilt. In den nachfolgenden Abschnitten dieses Kapitels wird darauf eingegangen werden.

In der Ausbildung der Fachkräfte für Arbeitssicherheit wird deswegen das Vorgehen zur Gefährdungsbeurteilung inzwischen wie folgt gelehrt:

Schritt 1:

Gibt es ein spezifisches Verfahren oder geregeltes Vorgehen in einer Technischen Regel?

Ja, dann anwenden / Nein, dann Risikobewertung mittels Risikomatrix

Schritt 2 bei „Ja“:

Ist dieses Verfahren ausreichend?

Ja, dann anwenden / Nein, dann zusätzlich Risikobewertung mittels Risikomatrix vornehmen.

	Schadensausmaß			
Wahrscheinlichkeit	leichte Verletzung oder Erkrankung	mittelschwere Verletzung oder Erkrankung	schwere Verletzung oder Erkrankung	möglicher Tod, Katastrophe
sehr gering	1	2	3	4
gering	2	3	4	5
mittel	3	4	5	6
hoch	4	5	6	7

Abb. 1: *Beispielhafte Risikomatrix – andere Formen sind möglich und zulässig*

Nachfolgend wird im Wesentlichen davon ausgegangen, dass beide Fragen mit „Ja“ beantwortet werden können.

2.1.2 Stand der Technik

Wenn Sie an dieser Stelle noch einmal auf den § 3 Abs. 1 ArbStättV schauen, enthält dieser noch einen wichtigen Hinweis. Dort heißt es, dass die Schutzmaßnahmen nach dem Stand der Technik abzubilden sind. Wenn Sie also dem Bezug zu den Arbeitsstättenregeln folgen, bilden Sie den Stand der Technik im Unternehmen ab und erfüllen diesen Anspruch. Die nachfolgenden Abschnitte orientieren sich stringent an diesen Regeln.

Tipp:

Führen Sie am Ende ihrer Gefährdungsbeurteilung eine Liste der angewendeten Regeln und Normen etc. mit. Achten Sie dabei darauf, dass diese Liste auch den Revisionsstand (Datum der Ausgabe) der Schriften enthält.

2.1.3 Fachkundige Durchführung der Gefährdungsbeurteilung

Der Arbeitgeber muss die Gefährdungsbeurteilung fachkundig durchführen (lassen). Verfügt der Arbeitgeber nicht selber über die entsprechenden Kenntnisse, so muss er sich fachkundig beraten lassen. Die Fachkunde ist nicht an eine Person geknüpft. Vielmehr kommt hier ein Zusammenspiel von Personen mit unterschiedlichen Fachkenntnissen zum Tragen:

- der **Arbeitgeber**, der weiß, welche Tätigkeiten wie wo ausgeführt werden sollen,
- die **Fachkraft für Arbeitssicherheit**, die sich mit dem Prozess der Gefährdungsbeurteilung und der Anwendung der Technischen Regeln auskennt,
- der **Brandschutzbeauftragte** oder gar -sachverständige, der die Brandgefahren und Schutzmaßnahmen im Speziellen kennt und beurteilen kann …

Tipp:

Dokumentieren Sie, wer mit welchen Kompetenzen an Ihrer Gefährdungsbeurteilung beteiligt war und machen Sie daraus keine „One-Man-Show". So beweisen Sie im Zweifelsfall die fachkundige Durchführung und stehen auch nicht alleine in der Haftungsverantwortung.

■ Umsetzung der Schutzmaßnahmen

Denken Sie daran, dass Schutzmaßnahmen immer zeitnah – bei neuen oder umgebauten Arbeitsstätten – vor deren Inbetriebnahme umzusetzen sind. Das gilt besonders auch für den Umgang mit Flucht- und Rettungswegen.

■ Wann und wie oft müssen Sie die Gefährdungen beurteilen?

Der Gesetzgeber und die Unfallversicherungsträger sind hier eindeutig:

- erstmals **vor** Aufnahme der Tätigkeit;
- immer bei Änderungen, zum Beispiel aufgrund von Umbauten, neuen Arbeitsmitteln und -verfahren und somit veränderten Brandgefahren oder auch weil Sie neue Kenntnisse haben, die eine Überarbeitung notwendig machen;
- regelmäßig wiederkehrend müssen Sie zumindest prüfen, ob alles noch so zutrifft, wie es in der Gefährdungsbeurteilung beschrieben ist oder nicht.

Tipp:

Nehmen Sie die Gefährdungsbeurteilung alle ein bis zwei Jahre in die Hand und prüfen Sie, ob die darin enthaltenen Aussagen noch vollständig und korrekt sind. Die Frist legen Sie betriebsintern fest, der Gesetzgeber hat sie nicht geregelt. Ein bis zwei Jahre sind dabei ein durchaus bewährter Zeitraum.

Dokumentieren Sie auf der Gefährdungsbeurteilung, wann und wer sie zuletzt überprüft hat. Datum und Handzeichen zusammen mit dem Vermerk „keine Änderungen erforderlich“ reichen in der Papierversion aus.

2.2 Zulässige und nicht zulässige Flucht- und Rettungswege

2.2.1 Notwendigkeit

Flucht- und Rettungswege sind erforderlich. Da lassen weder das Arbeitsstättenrecht noch das Bauordnungsrecht Zweifel aufkommen. Diskutieren kann man möglicherweise über deren Zahl, Länge und Wegführung.

Die MBO ist hier eindeutig:

§ 33 MBO

(1) Für Nutzungseinheiten mit mindestens einem Aufenthaltsraum wie Wohnungen, Praxen, selbstständige Betriebsstätten müssen in jedem Geschoss mindestens zwei voneinander unabhängige Rettungswege ins Freie vorhanden sein; beide Rettungswege dürfen jedoch innerhalb des Geschosses über denselben notwendigen Flur führen.

Sie brauchen **zwei** Flucht- und Rettungswege, wenn die Landesbauordnung das genauso formuliert. Nach der ASR A2.3 hingegen kann auf den Nebenfluchtweg verzichtet werden, wenn durch zusätzliche Maßnahmen eine sichere Begehbarkeit des Hauptfluchtweges gewährleistet ist. Die ArbStättV schränkt aber in § 3 Abs. 3 gleich wieder ein, dass die zuständigen Überwachungsbehörden auf Antrag des Arbeitgebers Ausnahmen von der Vorordnung zulassen können. Die ASR A2.3 unterscheidet jetzt zwischen Haupt- und Nebenfluchtwegen, nicht mehr zwischen dem ersten und zweiten Flucht- und Rettungsweg.

Unter Nr. 6 der ASR wird jetzt Folgendes definiert:

Ein Nebenfluchtweg wird erforderlich zur Flucht aus Bereichen, in denen die Gefahr besteht, dass der Hauptfluchtweg nicht mehr sicher begehbar ist.

„Nicht mehr sicher begehbar" ist er danach, wenn

- der Hauptfluchtweg durch Bereiche mit erhöhter Brandgefährdung führt,
- Gefährdungen durch Lagerung oder Verwendung von Gefahrstoffen in der Nähe der Hauptfluchtwege vorhanden sind,
- Einwirkungen durch gefährliche Arbeiten vorhanden sind, z.B. in Aufstellräumen für Dampfkesselanlagen,
- bei einer hohen Anzahl von Personen im Hauptfluchtweg eine geordnete Flucht nicht mehr möglich ist,
- bei Produktions-, Lagerräumen oder Werkstätten deren Grundfläche mehr als 200 m^2 beträgt,
- bei sonstigen Arbeitsräumen deren Grundflächen mehr als 400 m^2 betragen, z.B. Großraumbüros bzw. Kombibüros (z.B. Open-Space-Büros, Coworking Spaces),
- andere Rechtsvorschriften entsprechende Anforderungen stellen, z.B. in Versammlungsstätten, Schulen, Kindertageseinrichtungen, oder andere betriebsspezifische Bedingungen vorliegen.

Besonderheiten gelten für **gefangene Räume**, also solche Räume, aus denen es nur einen Ausweg gibt. Sofern sie nicht im Landesbaurecht ausgeschlossen sind, hält die ASR A2.3 in Nr. 4 Abs. 12 vertiefende Regelungen dafür bereit, die es zu beachten gilt:

ASR A2.3 Nr. 4

(12) Gefangene Räume dürfen als Arbeits-, Bereitschafts-, Liege-, Erste-Hilfe-, Pausenräume und Kantinen nur genutzt werden, wenn folgende Maßgaben beachtet wurden:

1. Sicherstellung der Alarmierung im Gefahrenfall. Beispiele hierzu finden sich in der ASR A2.2 „Maßnahmen gegen Brände“ oder
2. Gewährleistung einer Sichtverbindung zum vorgelagerten Raum, sofern der gefangene Raum nicht zum Schlafen genutzt wird und im vorgelagerten Raum nicht mehr als eine normale Brandgefährdung vorhanden ist.

Hinweis: Diese Regelungen für gefangene Räume in Arbeitsstätten gelten unabhängig von der Größe der in Landesbauordnungen genannten „Nutzungseinheiten“.

2.2.2 Was geht und was geht nicht?

Manuell betätigte **Türen in Notausgängen** müssen in Fluchtrichtung aufschlagen, so sagt es zumindest die ASR A2.3. Für alle anderen Türen lässt sie die Aufschlagrichtung im Verlauf von Fluchtwegen offen und macht diese vom Ergebnis der Gefährdungsbeurteilung abhängig. So können im Einzelfall örtliche und betriebliche Verhältnisse sowie mögliche Gefahrenlagen dazu führen, dass Türen entgegen der Fluchtrichtung geöffnet werden. Grund dafür kann beispielsweise die höchstmögliche Anzahl der Personen, die gleichzeitig einen Fluchtweg benutzen müssen, sein. Auch ein besonderer Personenkreis, der auf eine spezielle Benutzbarkeit der Türen angewiesen sein kann, mag zu so einer Entscheidung führen.

Hinweis:

Fluchttüren in Büroräumen müssen in Fluchtrichtung, also nach außen aufschlagen – sonst ist ein sofortiges Beschäftigungsverbot möglich. So hat es das Verwaltungsgericht Münster in einem Urteil vom 22. Juni 2016 (Az.: 9 K 1985/15) entschieden. Die Fluchtwegsituation müsse nach der Arbeitsstättenverordnung gestaltet sein: Die Fluchttüren müssen sich nach außen öffnen lassen. Nach innen öffnende Fluchttüren würden in einer Notsituation den Stress der Flüchtenden erhöhen und die Flucht extrem erschweren.

Anlass für das Urteil war Folgendes: Die Bezirksregierung Münster hatte eine Ordnungsverfügung erlassen, nach der niemand in einem Gebäude arbeiten durfte, in dem sich die Fluchttüren nur in die falsche Richtung öffnen ließen.

Es sollten erst in die richtige Richtung öffnende Türen eingebaut werden. Das betroffene Unternehmen hatte dagegen mit folgender Argumentation geklagt: Durch die nach innen öffnenden Fluchttüren würden die Sicherheit und die Gesundheit der Beschäftigten nicht gefährdet. In dem Bürobetrieb in einem modernisierten Gebäude gebe es weder besondere Brandgefahren noch sei es bei 5 bis 7 Beschäftigten möglich, dass sich im Evakuierungsfall ein Stau beziehungsweise eine Traube vor der Tür bildet.

Das Gericht sah das jedoch anders. Es kam zu der Auffassung, dass die Klägerin eine sie als Arbeitgeberin treffende Pflicht nicht erfüllt habe. Denn nach dem Wortlaut der Arbeitsstättenverordnung müssten sich Türen von Notausgängen zwingend immer nach außen öffnen lassen. Dabei sah es die Anzahl der Personen, die sich regelmäßig in der Arbeitsstätte aufhielten, als unerheblich an. Eine Abwägung im Einzelfall hielt es für nicht möglich. Auch die Feststellung einer konkreten Gefahr sah es als nicht erforderlich an. Türen von Notausgängen, die sich nicht nach außen öffnen lassen, stellen somit nach der in der Arbeitsstättenverordnung getroffenen Wertung immer eine Gefahr dar, so das Gericht weiter.

Das sofortige Verbot der Beschäftigung von Arbeitnehmern im betroffenen Gebäude hielt das Gericht ebenfalls für rechtmäßig. Die zuständige Arbeitsschutzüberwachungsbehörde sei nicht dazu verpflichtet gewesen, eine Frist für die Ausführung einzuräumen. Nach Meinung des Gerichts habe Gefahr im Verzug vorgelegen, weil die nach innen zu öffnende Tür im Unglücksfall eine Flucht aus dem Gebäude möglicherweise erschwert oder verlangsamt hätte. In einem jederzeit möglichen Unglücksfall käme ein Eingreifen der Behörde immer zu spät.

Alle Türen im Verlauf von Fluchtwegen, aber auch alle Notausstiege, müssen sich leicht und ohne besondere Hilfsmittel öffnen lassen.

Unter „leicht zu öffnen" versteht die ASR A2.3, dass die jeweilige Öffnungseinrichtung (Klinke, Druckstange) gut erkennbar und an zugänglicher Stelle angebracht ist. Besonders Entriegelungshebel bzw. -knöpfe zur Handbetätigung von automatischen Türen sind hier zu beachten. Es reicht nicht, wenn diese in 2 m Höhe angebracht und nur mit der Leiter erreichbar sind. Ihre Betätigung soll leicht verständlich, also den menschlichen Gewohnheiten entsprechend und mit nur geringer Kraft möglich sein. Im Gefahrenfall muss die Tür unmittelbar von jeder Person geöffnet werden können.

Jede verschließbare Tür, jedes solcher Tore im Verlauf eines Fluchtweges muss jederzeit von innen und ohne besondere Hilfsmittel leicht zu öffnen sein.

ASR A2.3 Nr. 7 Anforderungen an Türen und Tore im Verlauf von Fluchtwegen

(1) Türen und Tore im Verlauf von Fluchtwegen sowie Notausstiege müssen sich leicht und ohne besondere Hilfsmittel öffnen lassen, solange Personen auf die Nutzung der Fluchtwege angewiesen sind.

Leicht zu öffnen bedeutet, dass die Öffnungselemente ergonomisch gestaltet, gut erkennbar und an zugänglicher Stelle angebracht (insbesondere Entriegelungshebel bzw. -knöpfe zur Handbetätigung von automatischen Türen und Toren) sind sowie dass die Betätigungsart leicht verständlich ist und das Öffnen ohne größeren Kraftaufwand möglich ist.

Ohne besondere Hilfsmittel bedeutet, dass die Tür oder das Tor im Gefahrenfall unmittelbar von jeder Person und ohne z.B. Schlüssel, Transponderkarte oder Codeeingabe geöffnet werden kann.

Karussell- und Schiebetüren mit ausschließlich manueller Betätigung sind im Verlauf von Fluchtwegen nicht erlaubt. **Automatische Türen und Tore** in Fluchtwegen sind nur in Fluren und für Räume erlaubt, die aus Bereichen mit normalen Brandgefährdungen oder Räumen mit erhöhter Brandgefährdung und selbsttätigen Feuerlöscheinrichtungen herausführen. Allerdings müssen sie den jeweils geltenden bauordnungsrechtlichen Anforderungen entsprechen und dürfen nicht in Notausgängen eingerichtet und betrieben werden, die ausschließlich für den Notfall konzipiert sind und ausschließlich im Notfall benutzt werden.

Das **Ende eines Fluchtweges** muss ins Freie oder einen gesicherten Bereich führen. Diese müssen so ausgeführt und bemessen sein, dass sich dort kein Rückstau bilden kann und alle über den Fluchtweg flüchtenden Personen ohne Gefahren in Sicherheit gelangen können. Ein Fluchtweg kann also nicht in anderen Verkehrswegen oder öffentlichen Straßen enden.

2.2.3 Gefangene Räume

Besondere Regeln gelten für **gefangene Räume**. Denn sie dürfen als Arbeits-, Bereitschafts-, Liege-, Erste-Hilfe- und Pausenräume nur dann genutzt werden, wenn die Nutzung nur durch eine geringe Anzahl von Personen erfolgt *und* wenn folgende Maßgaben beachtet wurden:

- Sicherstellung der Alarmierung im Gefahrenfall, beispielsweise durch eine automatische Brandmeldeanlage mit Alarmierung oder

- Gewährleistung einer Sichtverbindung zum vorgelagerten Raum, sofern der gefangene Raum nicht zum Schlafen genutzt wird und im vorgelagerten Raum nicht mehr als eine normale Brandgefährdung vorhanden ist.

2.3 Abmessungen und Länge

Im Hinblick auf Hauptfluchtwege in Arbeitsstätten liefert die ASR A2.3 hier die notwendigen Informationen. In Abhängigkeit von der Gefährdung sieht Nr. 5 Absatz 2 der Regel vier mögliche und sichere Längen für Flucht- und Rettungswege vor:

bis zu 35 m	für Räume ohne oder mit normaler Brandgefährdung, ausgenommen nachfolgende Räume
bis zu 35 m	für Räume mit erhöhter Brandgefährdung mit selbsttätigen Feuerlöscheinrichtungen
bis zu 25 m	für Räume mit erhöhter Brandgefährdung ohne selbsttätige Feuerlöscheinrichtungen
bis zu 10 m	für Räume, in denen eine Gefährdung durch explosionsgefährliche Stoffe besteht

In aller Regel kommen Sie also mit einer Weglänge von 35 m aus. Die Begriffsbestimmungen zur Klassifizierung der Brandgefährdung liefert der Gesetzgeber in der ASR A2.2 „Maßnahmen gegen Brände“ gleich mit. Sie finden diese in Kapitel 9.3 „Glossar“.

Die Länge des Hauptfluchtweges ist die kürzeste Wegstrecke (ohne Berücksichtigung der Raumausstattung, jedoch nicht durch Wände gemessen) vom Beginn des Fluchtweges bis zu einem Notausgang. Dann schränkt die ASR A2.3 unter Nr. 5 aber sofort wieder ein und sagt darüber hinaus, dass die tatsächliche Laufweglänge nicht mehr als das 1,5fache der Fluchtweglänge betragen darf. Das wären 15 bis 52,5 m je nach Brandgefährdung (Abb. 2).

Bei „normalen“ Hauptfluchtwegen und Hauptfluchtwegen aus Räumen mit erhöhter Brandgefährdung nach der vorstehenden Aufzählung kann auch das Bauordnungsrecht der Länder für die Länge ausreichend sein. Und zwar dann, wenn es sich auch um einen notwendigen Rettungsweg im Sinne der Bauordnung handelt und dort für diesen Weg eine abweichende längere Weglänge zulässig ist. Die MBO spricht hier allerdings auch von einer maximalen Weglänge von 35 m.

Die Breite von Flucht- und Rettungswegen kann sich nach bauordnungsrechtlichen Vorgaben richten. So gibt es im Bauordnungsrecht in der Regel

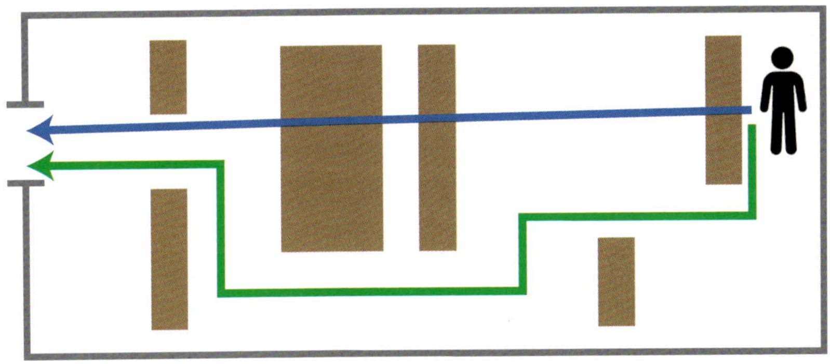

Abb. 2: *Ermittlung von Fluchtweglänge (blau) und tatsächlichen Lauflängen (grün).*

Festlegungen zu Fluchtwegbreiten für Versammlungsstätten, Verkaufsstätten und Krankenhäuser, die sich nach der zu erwartenden Personenzahl richten.

Für Arbeitsstätten konkretisiert die ASR A2.3 in Nr. 5 diese Anforderungen:

Tab. 1: *ASR A2.3 Abschnitt 5*

	A	B	C
Nr.	**Anzahl der Personen (Einzugsgebiet)**	**Lichte Mindestbreiten von Durchgängen und Türen im Verlauf von Hauptfluchtwegen, z.B. Türen von Notausgängen (in m)**	**Lichte Mindestbreiten von Hauptfluchtwegen (in m)**
1	bis 5	0,80*)	0,90*)
2	bis 20	0,90	1,00
3	bis 50	0,90	1,20
4	bis 100	1,00	1,20
5	bis 200	1,05	1,20
6	bis 300	1,65	1,80
7	bis 400	2,25	2,40

	Bei Einzugsgebieten von mehr als 200 Personen sind Zwischenwerte der Mindestbreiten (ermittelt durch lineare Interpolation) zulässig. Der Begriff Einzugsgebiet beschreibt einen Bereich, aus dem alle dort anwesenden Personen denselben Hauptfluchtweg nutzen müssen. Dies entspricht z.B. bei mehrgeschossigen Gebäuden der Gesamtanzahl der Personen, die über alle Ebenen (auch als Etagen, Geschosse, Stockwerke bezeichnet) demselben Hauptfluchtweg zugeordnet sind, unabhängig davon, ob diese Personen Abschnitte des Hauptfluchtweges im Fluchtfall zeitgleich oder zeitlich versetzt nutzen.	
	*) *Hinweis:* *Bei Neubauten und wesentlichen baulichen Erweiterungen oder Umbauten wird empfohlen, für Einzugsgebiete von bis zu 5 Personen nach Nummer 1 Spalte B eine lichte Mindestbreite von Durchgängen und Türen im Verlauf von Hauptfluchtwegen von 0,90 m einzuhalten, um auch in diesen Bereichen eine barrierefreie Zugänglichkeit zu ermöglichen. Zudem lassen sich auf diesem Wege bauliche Maßnahmen im Sinne der ASR V3a.2 „Barrierefreie Gestaltung von Arbeitsstätten" und in der Folge Umbaukosten vermeiden.*	
	Abweichend für **Fluchtwege aus besonderen Bereichen**	Lichte Mindestbreiten (in m)
8	Gänge zu persönlich zugewiesenen Arbeitsplätzen	0,60
9	Nebengänge von Lagereinrichtungen für die ausschließliche Be- und Entladung von Hand	0,75
10	Türen von Toilettenzellen und von Toilettenräumen mit nur einer Toilette entsprechend ASR A4.1 „Sanitärräume"	0,55

2.4 Bauliche Ausführung

Die bauliche Ausführung ist in den Bauordnungen der Länder geregelt. Die MBO liefert hier Anhaltspunkte in § 27 ff. Sie unterscheidet zunächst in

- nichtbrennbare,
- schwer entflammbare und
- normal entflammbare **Baustoffe**.

Spätestens seit dem Hochhausbrand im Londoner Grenfell Tower im Juni 2017 (Abb. 3) bekommt dieses Kriterium eine neue Bedeutung. Zahlreiche Gebäude wurden auch in Deutschland im Nachgang dazu ganz oder teilweise geräumt, weil ungeeignete Baustoffe verbaut oder bauliche Situationen geschaffen wurden, die im Brandfall ein Flüchten nahezu unmöglich machen.

Abb. 3: *Der Grenfell Tower durch Feuer völlig zerstört (Foto: burnstuff2003 – fotolia.com).*

Weiterhin wird dort in

- feuerbeständige,
- hoch feuerhemmende und
- feuerhemmende

Bauweise differenziert. Was wie gebaut werden muss, hängt von den in § 2 Abs. 3 definierten Gebäudeklassen ab.

Im Kern müssen tragende und aussteifende Wände und Stützen im Brandfall ausreichend lang standsicher sein. Für die Gebäude gilt laut MBO, dass sie

- in Gebäuden der Gebäudeklasse 5, das sind sonstige Gebäude, die überwiegend oder ganz für Nichtwohnzwecke, also beispielsweise für gewerbliche, soziale, kulturelle oder Verwaltungszwecke genutzt werden, feuerbeständig,
- in Gebäuden der Gebäudeklasse 4, das sind Gebäude mit einer Höhe bis zu 13 m und Nutzungseinheiten mit jeweils nicht mehr als 400 m^2, hoch feuerhemmend,
- in Gebäuden der Gebäudeklassen 2 und 3, das sind sonstige Gebäude mit einer Höhe von nicht mehr als 7 m und Gebäude mit einer Höhe bis zu 7 m und nicht mehr als zwei Nutzungseinheiten von insgesamt nicht mehr als 400 m^2, feuerhemmend sein müssen.

Details zu den Gebäudeklassen finden Sie im Glossar in Kapitel 9.4.

Für manche Gebäudearten sind **Trennwände** erforderlich, so zum Beispiel

- zwischen Nutzungseinheiten (z.B. Wohnungen) sowie zwischen Nutzungseinheiten und anders genutzten Räumen, ausgenommen notwendigen Fluren (also Rettungswegen),
- zum Abschluss von Räumen mit Explosions- oder erhöhter Brandgefahr,
- zwischen Aufenthaltsräumen und anders genutzten Räumen im Kellergeschoss.

Und für eben diese Trennwände sind dann in den Bauordnungen auch Anforderungen an die Feuerwiderstandsfähigkeit definiert. Da dies länderspezifisch gehandhabt wird, wird an dieser Stelle darauf nicht weiter eingegangen.

Auf Folgendes sei aber besonders hingewiesen: Öffnungen in diesen Trennwänden sind nur zulässig, wenn sie auf die für die Nutzung erforderliche Zahl und Größe beschränkt sind. Außerdem müssen sie feuerhemmende, dicht- und selbstschließende Abschlüsse haben. Genau diese werden aber gerne vergessen. Da wird mal eben ein Rohr nachträglich durch eine Wand geführt oder ein Kabelbaum für die EDV neu eingezogen.

Diese Öffnungen müssen dann in geeigneter Weise wieder verschlossen und gekennzeichnet werden. Denn für den Verschluss dürfen nur baurechtlich zugelassene Produkte und Schottsysteme verwendet werden. Gleiches gilt für **Brandwände** – also Wände, die ein Durchdringen eines Feuers verhindern sollen. Umfangreiche Anforderungen an diese Brandwände sind beispielsweise in § 30 MBO definiert.

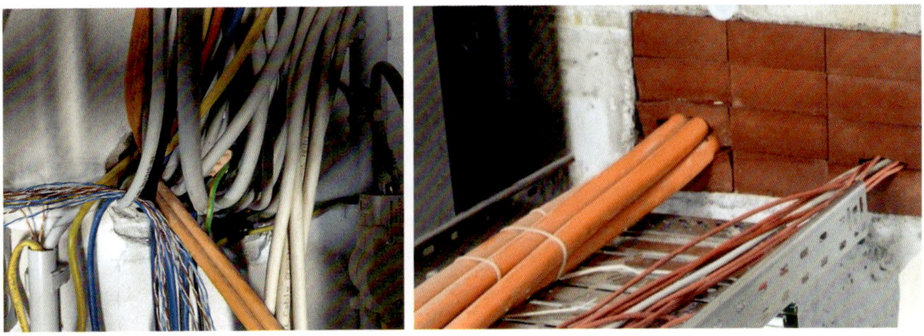

Abb. 4: *Unzureichende/fehlende (links) und ausreichende Abschottung (rechts) von Wanddurchbrüchen.*

Der **erste und zweite Rettungsweg** sind bauordnungsrechtlich in § 33 MBO definiert. Dort wird vorgeschrieben, dass

- für Nutzungseinheiten mit mindestens einem Aufenthaltsraum wie beispielsweise Wohnungen, Praxen und andere Betriebsstätten in jedem Geschoss mindestens **zwei** Rettungswege ins Freie vorhanden sein müssen. Diese beiden Rettungswege dürfen aber innerhalb eines Geschosses über denselben notwendigen Flur führen.
- für Nutzungseinheiten, die nicht ebenerdig liegen, der erste Rettungsweg über eine notwendige Treppe (§ 35 MBO) führen muss. Der zweite Rettungsweg darf über eine andere notwendige Treppe führen. Alternativ kann auch eine mit Rettungsgeräten der Feuerwehr erreichbare Stelle der Nutzungseinheit gewählt werden. Ein zweiter Rettungsweg ist allerdings nicht erforderlich, wenn die Rettung über einen sicher erreichbaren Treppenraum möglich ist, in den Feuer und Rauch nicht eindringen können (sogenannter Sicherheitstreppenraum).

Achtung:

Für Gebäude, deren zweiter Rettungsweg über Rettungsgeräte der Feuerwehr führen und bei denen die Oberkante der Brüstung von zum Anleitern bestimmten Fenstern oder Stellen mehr als 8 m über der Geländeoberfläche liegt, gilt die folgende Einschränkung! Sie dürfen nämlich nur errichtet werden, wenn die Feuerwehr über die erforderlichen Rettungsgeräte wie beispielsweise Drehleiterfahrzeuge auch tatsächlich verfügt.

Hier ist eine enge Abstimmung mit der örtlichen Brandschutzdienststelle erforderlich. Das gilt insbesondere für Sonderbauten wie Krankenhäuser, Verkaufs- oder Versammlungsstätten.

Für Arbeitsstätten regelt die ASR A2.3 in Nr. 6 darüber hinaus, dass ein Nebenfluchtweg erforderlich ist zur Flucht aus Bereichen, in denen die Gefahr besteht, dass der Hauptfluchtweg nicht mehr sicher begehbar ist. Sie nennt eine erhöhte Brandgefahr oder Personenzahl als möglichen Grund für einen Nebenfluchtweg. Ebenso sagt die technische Regel, dass ein Nebenfluchtweg beispielsweise bei Produktions- oder Lagerräumen mit einer Fläche von mehr als 200 m^2, bei sonstigen Arbeitsräumen, deren Grundfläche mehr als 400 m^2 beträgt, z.B. Großraumbüros, oder aufgrund anderer spezifischer Vorschriften notwendig sein kann. Solche spezifischen Vorschriften können zum Beispiel auch Technische Regeln für Gefahrstoffe wie die TRGS 510 sein.

Notwendige Ausgänge für Flucht- und Rettungswege müssen natürlich ins Freie führen. Dazu ergänzt die ASR A2.3 die MBO. Denn danach muss der gesicherte Bereich so gestaltet und bemessen sein, dass sich einerseits kein Rückstau bilden kann. Und andererseits sollen alle Flüchtenden über den Fluchtweg ohne Gefahren, z.B. durch Verkehrswege oder öffentliche Straßen, ins Freie gelangen können.

Die ASR A1.8 sagt unter Nummer 4.3, wie das sicher gestaltet werden kann, denn sie fordert, dass Fußgänger- und Fahrzeugverkehr so zu führen sind, dass Beschäftigte nicht gefährdet werden.

Damit das nicht möglich ist, fordert sie Wege für den Fahrzeugverkehr so zu führen, dass sie einen Mindestabstand von 1 m zu Türen und Toren sowie Durchgängen, Durchfahrten und Treppenaustritten haben (siehe Abb. 5).

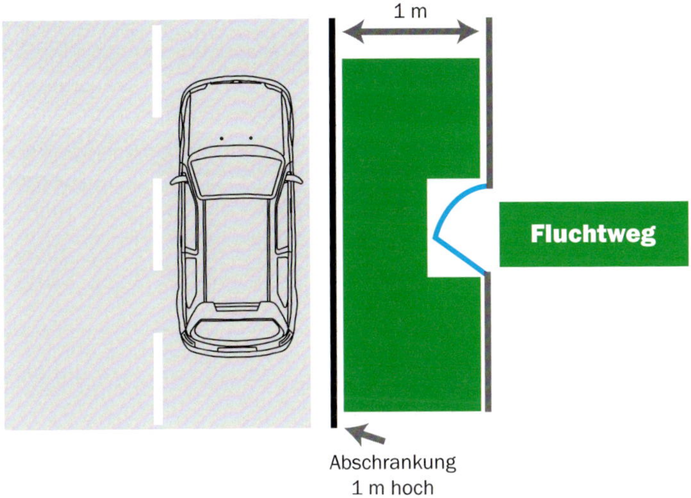

Abb. 5: *Beispielhafte Darstellung einer Notausgangssituation, auf einen Fahrweg treffend.*

Tipp:

Das Anbringen zusätzlicher Geländer als Trennung zum Fahrzeugverkehr hat sich bewährt (siehe Abb. 5). So laufen Menschen nicht unkontrolliert in den Verkehr.

Inwieweit Treppen in Flucht- und Rettungswegen notwendig sind, ergibt sich aus § 34 MBO. Danach muss jedes Geschoss, welches nicht zu ebener Erde liegt, aber auch ein benutzbarer Dachraum über mindestens eine Treppe erreichbar sein. Die MBO bezeichnet diese als **notwendige Treppe**. Folglich benötigen vom Erdgeschoss aus gesehen sowohl nach oben als auch nach unten gehende Geschosse mindestens eine notwendige Treppe. Notwendige Treppen dürfen auch durch flach geneigte Rampen ersetzt werden. Nr. 5 und 6 der ASR A2.3 führten darüber hinaus aus, dass Treppen im Verlauf von Fluchtwegen

- im Hauptfluchtweg einen geraden Verlauf haben *müssen*,
- einen Nebenfluchtweg haben *sollen*,
- keine Ausgleichsstufen haben dürfen.

Wendeltreppen sind somit im Verlauf von Hauptfluchtwegen unzulässig, können aber als Nebenfluchtweg verwendet werden, wenn zum Beispiel bauliche Gründe wie Platzmangel dazu führen.

Hinweis:

Betrachten Sie „sollen“ in Rechtstexten und technischen Regeln unter dem Gesichtspunkt „sollen heißt: müssen, wenn es geht“. Wenn es nicht geht, ist das zu begründen. Bedenken Sie dabei auch, dass im Arbeits- und Gesundheitsschutz dafür Kosten (Geld) nicht das ausschlaggebende Argument sein können.

Außerdem weist die technische Regel noch darauf hin, dass die vorstehend genannten Rampen eine Neigung von maximal 6% haben dürfen.

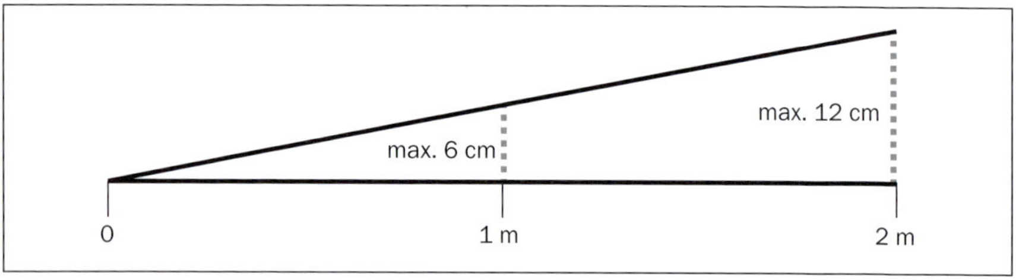

Abb. 6: *Berechnung von Rampensteigungen im Bereich eines Fluchtweges. Die Grafik ist überhöht dargestellt; in der Realität beträgt der Steigungswinkel maximal 3,44°.*

Einschiebbare Treppen und Rolltreppen sind in Arbeitsstätten in der Regel nicht zulässig. Außerdem müssen notwendige Treppen in Gebäudeklassen 3–5 mindestens feuerhemmend, unter Umständen sogar nicht brennbar ausgeführt werden. Hier gilt es bereits bei der Bau- und Umbauplanung darauf zu achten, um nicht bei einer späteren Prüfung oder Abnahme ein ungewolltes und möglicherweise teures Aha-Erlebnis zu haben. Beauftragte Brandschutzfachplaner sollten das im Blick haben.

Fallbeispiel:

Beim Aus- und Umbau eines Wohn- und Geschäftshauses in eine mehrstöckige Kindertagesstätte hatte man im ersten und zweiten Obergeschoss mit dem

Hinweis auf die Anleiterbarkeit seitens der Feuerwehr auf den Nebenfluchtweg in der Planung verzichtet.

Diese Planung ging jedoch nicht durch. Da im ersten Obergeschoss auch Aufenthalts- und Schlafräume für Kinder vorgesehen waren, musste außen am Gebäude eine Fluchttreppe angebracht werden. Denn die Kinder hätten in der vorgesehenen Anzahl im Brandfalle nicht schnell genug über eine Leiter gerettet werden können.

Für das zweite Obergeschoss, welches nur gelegentlich vom Personal als Aufenthalts- und Pausenraum genutzt werden soll, wurde die Leiter der Feuerwehr als Nebenfluchtweg genehmigt.

Im Keller wurden Räume für den Haustechniker, Waschmaschinen u.Ä. vorgesehen. Der dort vorhandene erste Zugang über den innenliegenden Treppenraum wurde während der Baumaßnahmen ohne Abstimmung mit den Behörden und der Fachkraft für Arbeitssicherheit geschlossen (mit Beton vergossen). Das führte dazu, dass die Nutzung als Werkstatt für den Haustechniker untersagt wurde und die Räume kompensatorisch mit zusätzlichen Rauchmeldern, Brandschutztüren und Alarmierung versehen werden mussten.

Die MBO fordert lediglich eine ausreichende Breite notwendiger Treppen. Weitere Ausführungen zur Breite von Flucht- und Rettungswegen liefert die ASR A2.3 für Arbeitsstätten (siehe Kapitel 2.3).

Außerdem müssen Treppen in Flucht- und Rettungswegen einen festen und griffsicheren Handlauf haben. Gibt es besondere Erfordernisse aufgrund der Verkehrssicherheit, so sind für solche Treppen auch Handläufe auf beiden Seiten und Zwischenhandläufe vorzusehen. In Kindertagesstätten sind beispielsweise Handläufe in unterschiedlichen Höhen für Kinder und Erwachsene vorzusehen.

Eine Treppe darf nicht unmittelbar hinter einer Tür beginnen, die *in Richtung der Treppe* aufschlägt; zwischen Treppe und Tür muss in diesem Fall ein ausreichender Treppenabsatz vorhanden sein.

Notwendige Treppen müssen in einem eigenen und durchgehenden Treppenraum liegen, der ins Freie führt. Dabei müssen sie so positioniert und ausgeführt sein, dass die Nutzung der notwendigen Treppen im Brandfall für eine ausreichend lange Zeitdauer möglich ist.

Abb. 7: *Treppe mit beidseitigem Handlauf (links) und Treppe mit zwei Handläufen für Kinder und Erwachsene (rechtes Bild: Bruno und Jörg Nappenfeld GmbH).*

Abb. 8: *Zulässig: Tür zur Treppe aus einem genutzten Dachraum einer Kita heraus, weil die Tür nicht in Richtung Treppe aufschlägt.*

Notwendige Treppen ohne eigenen Treppenraum sind nach MBO nur dann in Gebäuden der Gebäudeklassen 1 und 2 zulässig, wenn sie der Verbindung von höchstens zwei Geschossen innerhalb derselben Nutzungseinheit dienen. Dabei darf die Fläche der Nutzungseinheit insgesamt nicht mehr als 200 m^2 betragen und jedes Geschoss muss noch über einen anderen Rettungsweg erreichbar sein.

Eine Außentreppe ist möglich, wenn ihre Nutzung im Brandfall ausreichend sicher ist. Fassadenbrände wie der des Greenfell Towers haben gezeigt, dass dies genau geprüft werden muss. Eine Außentreppe wäre hier definitiv nicht nutzbar gewesen.

Abb. 9: *So können Außentreppen aussehen.*

Der § 35 MBO regelt eine Reihe weiterer Anforderungen an notwendige Treppenräume, die zusammengefasst so aussehen:

- Jeder notwendige Treppenraum muss einen unmittelbaren Ausgang ins Freie haben. Ist das nicht möglich, so ist der Raum zwischen dem notwendigen Treppenraum und dem Ausgang ins Freie so zu gestalten, dass er mindestens so breit ist wie die dazugehörigen Treppenläufe. Sie müssen über rauchdichte und selbstschließende Abschlüsse (Rauchschutztüren) zu notwendigen Fluren verfügen. Außerdem dürfen sie keine Öffnungen zu anderen Räumen, mit Ausnahme der zu notwendigen Fluren, haben. Auch die Anforderungen an die Wände, Decken und Fußböden sowie deren Ausführung ist definiert und zu beachten. Hier ist Fachberatung notwendig, daher erfolgt an dieser Stelle keine Vertiefung.

- Zu nicht ausgebauten Dachräumen, Werkstätten, Läden, Lager- und ähnlichen Räumen sowie Kellergeschossen und sonstigen Räumen und Nutzungseinheiten mit einer Fläche von mehr als 200 m^2 müssen mindestens feuerhemmende, rauchdichte und selbstschließende Abschlüsse (Brandschutztüren) vorhanden sein. Ausgenommen davon sind lediglich Wohnräume.
- Notwendige Treppenräume müssen belüftet und zur Unterstützung wirksamer Löscharbeiten entraucht werden können. Am obersten Punkt muss eine Entrauchungsöffnung vorgesehen sein (Abb. 10). Details zur Ausführung sind in der MBO genannt und müssen mit einem Fachplaner erarbeitet werden.

Abb. 10: *Entrauchungskuppel mit Auslöseeinheit (roter Kasten oberhalb des Feuerlöschers im rechten Bild). Die Farbe der Auslöseeinheit ist nicht bundeseinheitlich festgelegt.*

- Jeder notwendige Treppenraum muss zu beleuchten sein. Hat er keine Fenster, so muss in Gebäuden mit einer Höhe von mehr als 13 m eine Sicherheitsbeleuchtung vorhanden sein.

Hinweis:

Für Arbeitsstätten ist das Thema Sicherheitsbeleuchtung in den technischen Regeln ASR A2.3 und ASR A3.4 geregelt. Diese können eine solche Beleuchtung auch bei niedrigeren Gebäuden notwendig machen.

Fluchtwege sind mit einer Sicherheitsbeleuchtung auszurüsten, wenn bei Ausfall der allgemeinen Beleuchtung das gefahrlose Verlassen der Arbeitsstätte nicht gewährleistet ist. Eine Sicherheitsbeleuchtung kann z.B. in Arbeitsstätten erforderlich sein

1. mit großer Personenbelegung,
2. mit großer Flächenausdehnung (z.B. Hallen, Großraumbüros, Verkaufsstätten),
3. mit fehlendem Tageslicht (z.B. Räume unter Erdgleiche, innenliegende Treppenräume und Flure, Schichtbetrieb, wenn nicht während der gesamten Arbeitszeit durch das einfallende Tageslicht ein Mindestwert der Beleuchtungsstärke von 1 lx für die Fluchtwege gegeben ist),
4. aus betrieblichen Gründen für Dunkelheit (z.B. Fotolabor),
5. bei Anwesenheit ortsunkundiger Personen (z.B. Kunden, Besucher),
6. bei erhöhter Gefährdung (z.B. durch Stolpern und Stürzen, auf Treppen),
7. bei unübersichtlicher Fluchtwegführung (z.B. bei Fluchtwegen mit häufigen Richtungsänderungen) oder
8. bei eingeschränkter Erkennbarkeit des Fluchtweges und seiner Begrenzung (z.B. durch neben dem Fluchtweg abgestelltes Lagergut oder im Zuge der Evakuierung spontan abgestellter Arbeitsmittel).

Die folgende beispielhafte Aufzählung ist der technischen Regel ASR A3.4 unter Abschnitt 7 im Hinblick auf besonders gefährliche Arbeitsplätze entnommen, die eine solche Beleuchtung benötigen:

1. Laboratorien, in denen es notwendig ist, dass Beschäftigte einen laufenden Versuch beenden oder unterbrechen müssen, um eine akute Gefährdung von Beschäftigten und Dritten zu verhindern. Solche akuten Gefährdungen können z.B. Explosionen oder Brände sowie das Freisetzen von Krankheitserregern oder giftigen, sehr giftigen oder radioaktiven Stoffen in Gefahr bringender Menge sein,

2. Arbeitsplätze, die aus technischen Gründen dunkel gehalten werden müssen,
3. elektrische Betriebsräume und Räume für haustechnische Anlagen,
4. der unmittelbare Bereich langnachlaufender Arbeitsmittel mit nicht zu schützenden bewegten Teilen, die Gefährdungen für Sicherheit und Gesundheit der Beschäftigten verursachen können, z.B. Plandrehmaschinen,
5. Steuereinrichtungen für ständig zu überwachende Anlagen, z.B. Schaltwarten und Leitstände für Kraftwerke, chemische und metallurgische Betriebe sowie Arbeitsplätze an Absperr- und Regeleinrichtungen, die betriebsmäßig oder bei Betriebsstörungen zur Vermeidung von Gefährdungen für Sicherheit und Gesundheit der Beschäftigten betätigt werden müssen, um Produktionsprozesse gefahrlos zu unterbrechen bzw. zu beenden,
6. Bereiche in der Nähe heißer Bäder oder Gießgruben, die aus produktionstechnischen Gründen nicht durch Geländer oder Absperrungen gesichert werden können,
7. Bereiche um Arbeitsgruben, die aus arbeitsablaufbedingten Gründen nicht abgedeckt sein können oder
8. Arbeitsplätze auf Baustellen.

Notwendige Treppenräume werden meist über **notwendige Flure** erreicht. Diese sind in § 36 MBO beschrieben.

§ 36 (MBO) Notwendige Flure, offene Gänge

(1) Flure, über die Rettungswege aus Aufenthaltsräumen oder aus Nutzungseinheiten mit Aufenthaltsräumen zu Ausgängen in notwendige Treppenräume oder ins Freie führen (notwendige Flure), müssen so angeordnet und ausgebildet sein, dass die Nutzung im Brandfall ausreichend lang möglich ist. Notwendige Flure sind nicht erforderlich

1. in Wohngebäuden der Gebäudeklassen 1 und 2,
2. in sonstigen Gebäuden der Gebäudeklassen 1 und 2, ausgenommen in Kellergeschossen,
3. innerhalb von Nutzungseinheiten mit nicht mehr als 200 m^2 und innerhalb von Wohnungen,
4. innerhalb von Nutzungseinheiten, die einer Büro- oder Verwaltungsnutzung dienen, mit nicht mehr als 400 m^2; das gilt auch für Teile größerer Nutzungseinheiten, wenn diese Teile nicht größer als 400 m^2 sind, Trennwände nach § 29 Abs. 2 Nr. 1 haben und jeder Teil unabhängig von anderen Teilen Rettungswege nach § 33 Abs. 1 hat.

(2) Notwendige Flure müssen so breit sein, dass sie für den größten zu erwartenden Verkehr ausreichen. In den Fluren ist eine Folge von weniger als drei Stufen unzulässig.

(3) Notwendige Flure sind durch nicht abschließbare, rauchdichte und selbstschließende Abschlüsse in Rauchabschnitte zu unterteilen. Die Rauchabschnitte sollen nicht länger als 30 m sein. Die Abschlüsse sind bis an die Rohdecke zu führen; sie dürfen bis an die Unterdecke der Flure geführt werden, wenn die Unterdecke feuerhemmend ist. Notwendige Flure mit nur einer Fluchtrichtung, die zu einem Sicherheitstreppenraum führen, dürfen nicht länger als 15 m sein. Die Sätze 1 bis 4 gelten nicht für offene Gänge nach Absatz 5.

(4) Die Wände notwendiger Flure müssen als raumabschließende Bauteile feuerhemmend, in Kellergeschossen, deren tragende und aussteifende Bauteile feuerbeständig sein müssen, feuerbeständig sein. Die Wände sind bis an die Rohdecke zu führen. Sie dürfen bis an die Unterdecke der Flure geführt werden, wenn die Unterdecke feuerhemmend und ein demjenigen nach Satz 1 vergleichbarer Raumabschluss sichergestellt ist. Türen in diesen Wänden müssen dicht schließen; Öffnungen zu Lagerbereichen im Kellergeschoss müssen feuerhemmende, dicht- und selbstschließende Abschlüsse haben.

(5) Für Wände und Brüstungen notwendiger Flure mit nur einer Fluchtrichtung, die als offene Gänge vor den Außenwänden angeordnet sind, gilt Absatz 4 entsprechend. Fenster sind in diesen Außenwänden ab einer Brüstungshöhe von 0,90 m zulässig.

(6) In notwendigen Fluren sowie in offenen Gängen nach Absatz 5 müssen

1. Bekleidungen, Putze, Unterdecken und Dämmstoffe aus nicht brennbaren Baustoffen bestehen,
2. Wände und Decken aus brennbaren Baustoffen eine Bekleidung aus nicht brennbaren Baustoffen in ausreichender Dicke haben.

Die ASR A2.3 greift für Arbeitsstätten zunächst in Nr. 4 Absatz 2 das Bauordnungsrecht auf. Insofern kann auch der § 36 MBO erst einmal zur Anwendung kommen. Jedoch heißt es dort auch: *„Über das Bauordnungsrecht hinaus können sich weitergehende Anforderungen an Fluchtwege und Notausgänge aus dieser ASR ergeben; ...“.*

Hier sind wieder die Elemente der technischen Regel aufzugreifen, die oben schon genannt wurden. Die Breite richtet sich nach den Angaben aus Tabelle 1 (S. 23). Darüber hinaus ergibt sich aus der technischen Regel, dass deren Mindestbreite durch Einbauten oder andere Einrichtungen nicht eingeengt werden darf. Gleiches gilt für Türen, die in den Fluchtweg hinein öffnen. Die Regel erlaubt eine Einschränkung der Mindestbreite von Fluren bis zu einer Mindestbreite gemäß Tabelle 1 Spalte B der ASR in Abhängigkeit von der zu erwartenden Personenzahl. Außerdem konkretisiert sie, dass für einen Zulauf von bis zu 5 Personen die lichte Breite an keiner Stelle weniger als 90 cm betragen darf. (Abb. 11)

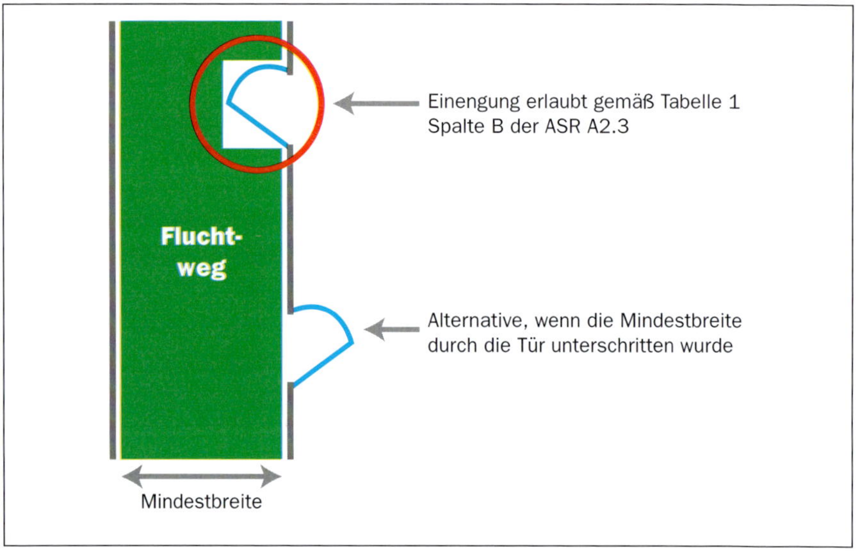

Abb. 11: *Mögliche Bemaßung von Fluchtwegen in der Breite.*

Die lichte Mindesthöhe des Hauptfluchtweges soll mindestens 2,10 m betragen und darf 2,00 m nicht unterschreiten. Die lichte Mindesthöhe von Durchgängen und Türen im Verlauf von Hauptfluchtwegen, z.B. Türen von Notausgängen, soll mindestens 2,10 m betragen und darf 1,95 m nicht unterschreiten (Abb. 12).

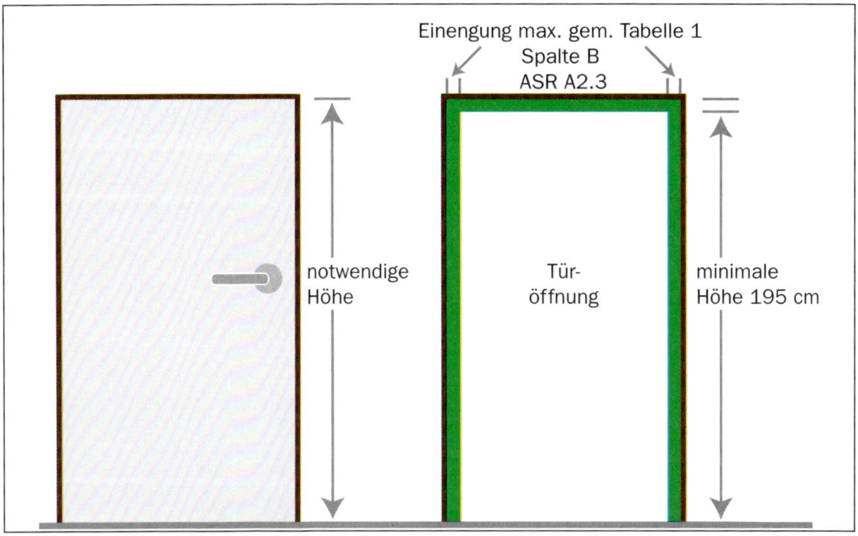

Abb. 12: *Zulässiger Spielraum an Türen.*

Auch die notwendigen Flure sind – wie die oben beschriebenen Treppenräume – durch **nicht abschließbare**, rauchdichte und selbst-schließende Türen (Rauchschutztüren) in Rauchabschnitte zu unterteilen. Diese Türen dürfen mit geeigneten Systemen offen gehalten werden, so dass sie nur im Gefahrenfall schließen (Abb. 13). Das Unterkeilen ist verboten und zu unterbinden. Streng genommen stellt das Unterkeilen – und damit Außerkraftsetzen der Tür im Schadensfalle – einen strafrechtlich relevanten Vorgang dar.

Lässt der Arbeitgeber zu, dass solche Türen immer wieder durch Keile offengehalten werden, duldet er das Außerkraftsetzen der Schutzeinrichtung und kommt seinen Grundpflichten nach ArbSchG nicht nach. Im Schadensfalle kann er somit belangt und zur Haftung herangezogen werden.

Tipp

Finden Sie immer wieder diese „T90“-Keile unter Ihren Türen (diese Keile brennen 90 Minuten, bis die Tür zufällt), so sollten Sie zunächst herauszufinden versuchen, warum das so ist. Warum legen Mitarbeiter Keile unter solche Türen? Nicht, weil sie den Chef ärgern wollen. Meist ist der Grund ganz einfach: Die Tür ist den Arbeitsabläufen im Weg.

Abb. 13: *Mögliche Offenhaltesystem für Rauchabschlusstüren: Obertürschließer mit Rauchmelder (lins); auf den Alarmton der Rauchmelder/ELA reagierender Tür-Feststeller.*

Hier bringen Standpauken, Drohungen und Unterweisungen nichts. Lösen Sie das Problem nach der Maßnahmenhierarchie im Arbeitsschutz auf die technische Weise mit Hilfe eines Offenhaltesystems (siehe Abb. 13). Solche Systeme gibt es ohne Montage bereits für niedrige dreistellige Eurobeträge. Sie schützen Menschen und retten im Brandfall Leben. Leben ist unbezahlbar.

Denken Sie daran, dass diese Systeme regelmäßig wiederkehrend auf ihre wirksame Funktion hin überprüft werden müssen und die Prüfung nebst Ergebnis zu dokumentieren ist.

Beachten Sie, dass die MBO von nicht abschließbaren Türen spricht. Die technische Regel ASR A2.3 hingegen lässt verschließbare Türen in Arbeitsstätten zu, wenn diese jederzeit von innen ohne besondere Hilfsmittel leicht zu öffnen sind.

In der Regel ist das gesichert, wenn diese Türen mit besonderen mechanischen Entriegelungseinrichtungen wie beispielsweise Türdrücker, Panikstangen, Paniktreibriegeln oder Stoßplatten versehen sind und so in Fluchtrichtung jederzeit geöffnet werden können.

Die ASR spricht hier auch von bauordnungsrechtlich zugelassenen elektrischen Verriegelungssystemen, bei denen die Not-Auf-Taste für die mechanische Entriegelung sorgt. Bei Stromausfall müssen diese Systeme dann jedoch selbstständig entriegeln.

Hinweis

Die baurechtliche Zulassung durch das DIBt, wie wir sie in Deutschland lange kannten, ist durch ein Urteil des EuGH schon im Jahr 2014 (Az: C-100/13) in Teilen und für bestimmte Produkte obsolet geworden. Dem trägt die MBO in § 16c Rechnung, indem sie klärt, unter welchen Bedingungen Bauprodukte mit CE-Kennzeichnung verwendet werden dürfen.

Rauchabschnitte, also die Abschnitte zwischen diesen Türen, sollen nach MBO nicht länger als 30 m sein. Notwendige Flure mit nur einer Fluchtrichtung, die zu einem Sicherheitstreppenraum führen, dürfen nach MBO sogar nicht länger als 15 m sein. Die MBO beschreibt auch noch, wie die Einbauten dieser Türen durchzuführen sind, nämlich bis an die Rohdecke. Wenn die abgehängte Decke (Unterdecke) feuerhemmend ausgeführt ist, reicht es, die Türe bis an diese zu führen. Gleiches gilt auch für die Ausführung der Wände.

Weiterhin gilt, dass in diesen Fluren Wandbekleidungen, Putze, Unterdecken und Dämmstoffe aus nicht brennbaren Baustoffen bestehen müssen. Ist das nicht der Fall, so müssen diese Wände und Decken aus brennbaren Baustoffen mit einer ausreichend dicken Bekleidung aus nicht brennbaren Baustoffen versehen sein.

Für **Notausstiege** legt die ASR A2.3 fest, dass angebrachte Aufstiegshilfen zur leichten und raschen Benutzung vorzusehen sind. Das können Podeste, Treppen, Steigeisen oder Haltestangen zum Überwinden von Brüstungen sein. Diese Notausstiege müssen eine lichte Breite von mindestens 90 cm und eine lichte Höhe von mindestens 120 cm haben. Außerdem müssen sie so beschaffen sein, dass jederzeit ein sicherer Ausstieg möglich ist. Kommen diese zum Einsatz, muss durch eine Gefährdungsbeurteilung dokumentiert sein, dass deren Benutzung im Gefahrenfall sicher möglich ist.

Sofern es möglich ist, Notausgänge und Notausstiege von außen zu versperren, müssen sie dagegen gesichert werden. Das kann durch das Verbotszeichen P023 „Abstellen und Lagern verboten“ gemäß ASR A1.2 geschehen. Das kann durch Einzäunung, wie in Abb. 14 zu sehen, erreicht werden.

Abb. 14: *Vorbildlich gesicherter Notausstieg.*

Werden **Dachflächen als Nebenfluchtweg** genutzt, müssen diese den bauordnungsrechtlichen Anforderungen an Rettungswege im Hinblick auf deren Tragfähigkeit, Feuerwiderstandsdauer und Umwehrungen für Fluchtwege entsprechen. Besteht Absturzgefahr, ist davor zu schützen. Folglich sind Hauptfluchtwege über Dachflächen unzulässig. Es empfiehlt sich, deren sichere Verwendbarkeit über eine Gefährdungsbeurteilung zu dokumentieren.

Abb. 15: *Dachfläche als Fluchtweg.*

2.5 Besondere Anforderungen bei gefährlichen Arbeitsplätzen oder erhöhter Brandgefahr

Arbeitsstätten, die aufgrund der Gefährdungsbeurteilung ganz oder teilweise als besonders gefährdet angesehen werden können, sind anders zu betrachten. Gleiches gilt, wenn aufgrund der örtlichen Gegebenheiten und der Nutzungsart mit komplizierten Bedingungen im Gefahrenfall zu rechnen ist. In diesem Fall ist es notwendig, im Rahmen der Gefährdungsbeurteilung zu ermitteln, ob zusätzliche Anforderungen nach § 10 Arbeitsschutzgesetz erforderlich sind. Dabei sind auch andere Rechtsgebiete zu berücksichtigen.

Bei der Frage, welche Arbeitsplätze als besonders gefährdet gelten können, liefert zunächst die ASR A3.4 Nr. 7 Antworten im Hinblick auf die Sicherheitsbeleuchtung. Details dazu finden Sie in Kapitel 4.1.

Weitere Informationen zu erhöhtem Gefährdungspotenzial gibt die ASR A2.2 „Maßnahmen gegen Brände“ in Nr. 6.1, insbesondere in der dortigen Tabelle 4. Diese verweist auch noch einmal auf Details, die sich aus den Technischen Regeln TRGS 400 und TRGS 800 für Gefahrstoffe ergeben.

2.6 Notausgänge und Sammelplätze

Notausgänge sind stets frei und funktionsfähig zu halten. Sollen diese von außen nicht zu öffnen sein, so ist das mittels Türknauf auf der Außenseite oder durch Abschließen und Einbau eines Panikschlosses möglich.

Das Panikschloss lässt es zu, dass eine Tür mit dem Schlüssel verschlossen werden kann. In Fluchtrichtung (also auf der Innenseite) reicht es aber, die Türklinke zu betätigen, um die Tür wieder zu öffnen. Darüber hinaus gibt es für elektronisch gesteuerte Türanlagen Notfallschaltungen. Hier kann mittels Paniktaster die Tür entriegelt werden. Diese Taster müssen für den Fall des Stromausfalls mit einer Notstromversorgung – zum Beispiel lokaler Batterie – versehen sein.

Sollen Türen nur im Gefahrenfall von innen geöffnet und sonst nicht benutzt werden können, so ist es zulässig, hier sogenannte Türwächter anzubringen. Diese geben bei unbefugter Öffnung der Tür einen lauten Alarmton ab. Sie sind grün, teilweise mit langnachleuchtender Kennzeichnung und können in der Regel mit einem Schlüssel unscharf geschaltet werden.

Abb. 16: *Elektronische Sicherheitsschaltung für die Entriegelung einer Fluchttür (links) und zulässiger Türwächter (Mitte), weil er der natürlichen Handbewegung nach unten folgt; inzwischen nicht mehr dem Stand der Technik entsprechend ist es, wenn in unnatürlicher Weise nach rechts weggedreht werden muss (rechts).*

Wichtig ist bei all diesen Varianten, dass sich die Tür durch eine für den Menschen natürliche Bewegung öffnen lässt: Türwächter müssen nach unten wegfallen und dürfen nicht zur Seite weggedreht werden müssen. Türstangen müssen durch einfachen Druck die Tür freigeben.

Verboten (OVG.NW Urteil 4 A 1766/90 vom 03.12.1991; BVerwG Beschluss 1 B 55.92 vom 17.06.1992) sind rote Schlüsselkästen neben Türen mit dem Notfallschlüssel für die Fluchttür. Genauso verboten ist es, Fluchtwege mit Schlössern wie in der nachstehenden Abbildung mittels Fahrradschloss zu verschließen. Kommt hier jemand zu Schaden, wird der Verursacher der Blockade strafrechtlich belangt werden.

Abb. 17: *Verbotener Verschluss einer Fluchttür mittels Fahrradschloss (links).*

Abb. 18: *Verschlossener Notausgang (links) und dazu noch verbotener Schlüsselkasten (OVG.NW Urteil 1 B 55.92 vom 17.06.1992; BVerwG Beschluss vom 4 A 1766/90 vom 03.12.1991) (rechts), für den auch noch das Hilfsmittel zum Einschlagen der Scheibe fehlt.*

Abb. 19: *Versperrter Notausgang trotz Kennzeichnung.*

2.7 Spezielle Anforderungen an Baustellen

Für Baustellen gibt die ASR A2.3 dem Arbeitgeber entsprechende Hilfestellung und Regelungen an die Hand. Dabei weist sie besonders auf das Abstimmungsgebot mehrerer Arbeitgeber miteinander auf einer Baustelle hin. Gibt es einen SiGeKo nach Baustellenverordnung, so sind dessen Hinweise dabei zu berücksichtigen.

Da die Anforderungen zur Abmessung und Ausführung von Flucht- und Rettungswegen auf Baustellen oftmals aufgrund der örtlichen und betrieblichen Gegebenheiten nicht vollständig anwendbar sind, lässt sie dem Unternehmer die Möglichkeit, mittels Gefährdungsbeurteilung davon abzuweichen. Dabei ist die höchstmögliche Anzahl der anwesenden Personen zu berücksichtigen. Die Maßnahmen sind stets dem Baufortschritt anzupassen. Das heißt, je näher ich der Fertigstellung komme, desto näher muss ich auch an den Regelungen für Arbeitsstätten, die keine Baustellen sind, sein.

Beispiel

An einem Industrieturm wird der obere Anlagenteil saniert. Im Verlauf der Sanierung steht auch der innenliegende Treppenraum nicht mehr zur Verfügung, während im oberen Teil gearbeitet wird. In diesem Fall muss der Fluchtweg über ein außenstehendes Treppengerüst hergestellt werden (Abb. 20). Auch Gerüste und Anlegeleitern wären zulässig.

Beachten Sie: Auch auf Baustellen müssen Fluchtwege gekennzeichnet werden. Diese Kennzeichnung richtet sich nach der ASR A1.3 und ASR A2.3. Sind die Fluchtwege unübersichtlich, muss auch auf Baustellen ein Flucht- und Rettungsplan angefertigt und ausgehängt werden. Ändert sich die Flucht- und Rettungswegesituation im Verlauf der Baumaßnahme, hat der Arbeitgeber seine Beschäftigten unverzüglich darüber zu informieren.

Tipp

Hier ist eine dokumentierte, anlassbezogene Unterweisung erforderlich. Ein Aushang, dessen Kenntnisnahme dem Zufall überlassen bleibt, wird nicht ausreichen. Regeln Sie für Bauvorhaben ggf., wer wann wen wie unterweisen muss und wie das zu dokumentieren ist. Das Musterformular aus der DGUV Regel 100-001 sollte als Dokumentation ausreichen.

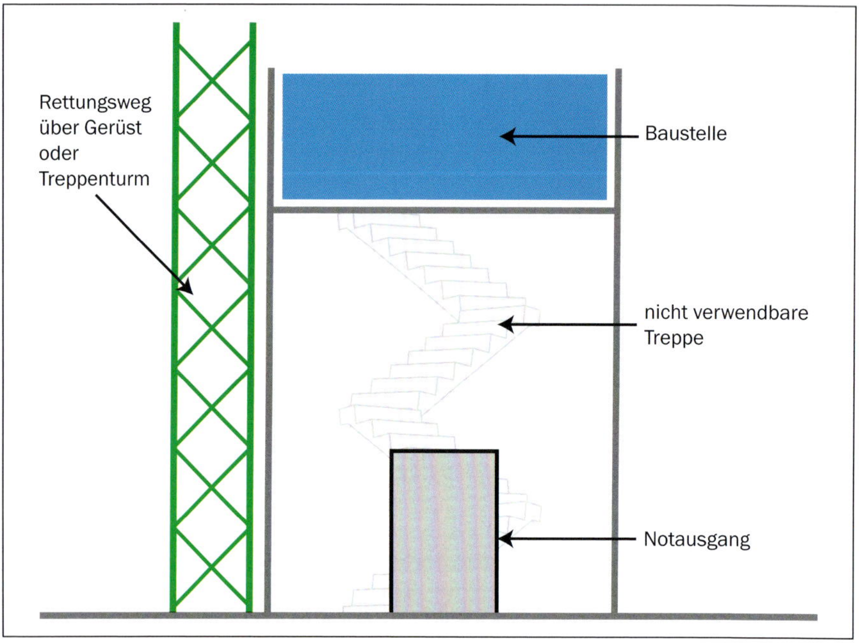

Abb. 20: *Schematische Darstellung einer Fluchtwegsituation auf einer Baustelle.*

Tunnelbaustellen, Arbeiten in Druckluft und Caissonbau sowie Turm- und Schornsteinbau gelten als gefährliche Arbeitsplätze, die besonders zu betrachten sind (s.o.).

Auch für die Sicherheitsbeleuchtung (s.u.) gibt es besondere Regelungen für Baustellen. Sie ist dort nicht erforderlich, wenn durch das einfallende Tageslicht eine Mindestbeleuchtungsstärke von 1 lx erreicht wird. Gleichzeitig müssen die Beschäftigten ihren Arbeitsbereich gefahrlos verlassen können.

Für Bauarbeiten unter Tage wie Tunnelbaustellen ist hingehen eine Sicherheitsbeleuchtung am Arbeitsplatz von 15 lx stets erforderlich.

Führen Sie auf Baustellen Arbeiten mit einer Brandgefährdung durch, so ist dort für jedes der dabei eingesetzten Arbeitsmittel ein Feuerlöscher für die entsprechenden Brandklassen mit mindestens 6 Löschmitteleinheiten (LE) bereitzuhalten. Zu diesen Arbeiten gehören Schweißen, Brennschneiden, Trennschleifen, Löten, Farbspritzen, Flammarbeiten usw.! Da es sich um vorübergehende Arbeiten handelt, ist eine Kennzeichnung der Standplätze der Feuerlöscher nicht erforderlich.

Befinden sich Feuerlöscher hingegen in Bauwagen, Containern o.Ä. sind diese Standorte entsprechend zu kennzeichnen. Gleiches gilt für das Vorhandensein von Erste-Hilfe-Material.

Personen, die solche Tätigkeiten ausführen, sind theoretisch und praktisch im Umgang mit den eingesetzten Feuerlöschern zu unterweisen. Die ASR empfiehlt, diese Unterweisung in Abständen von 2 bis 5 Jahren zu wiederholen.

Kapitel 3 Sicherheitskennzeichnung

3.1 Anforderung an die Kennzeichnung

Die Notwendigkeit der Kennzeichnung von Flucht- und Rettungswegen, Erste-Hilfe- und Brandschutzausrüstung, der Montage von Sicherheitsbeleuchtung sowie der Bereitstellung von Feuerlösch- und Erste-Hilfe-Ausrüstung ergibt sich aus § 4 Absätze 3 und 4 ArbStättV. Und auch die Unfallversicherungsträger haben Regelungen dazu in der DGUV Vorschrift 1 getroffen. Alles Weitere ist wieder in den Technischen Regeln für Arbeitsstätten abgebildet.

Nach der ASR A2.3 ist für die Kennzeichnung der Fluchtwege, Notausgänge, Notausstiege und Türen im Verlauf von Fluchtwegen die ASR A1.3 „Sicherheits- und Gesundheitsschutzkennzeichnung" anzuwenden. Dort sind die entsprechenden Piktogramme, Formen, Farben und Sichtweiten dargestellt. In dieser Technischen Regel wird auf einschlägige Normen, wie die ISO 7010, Bezug genommen.

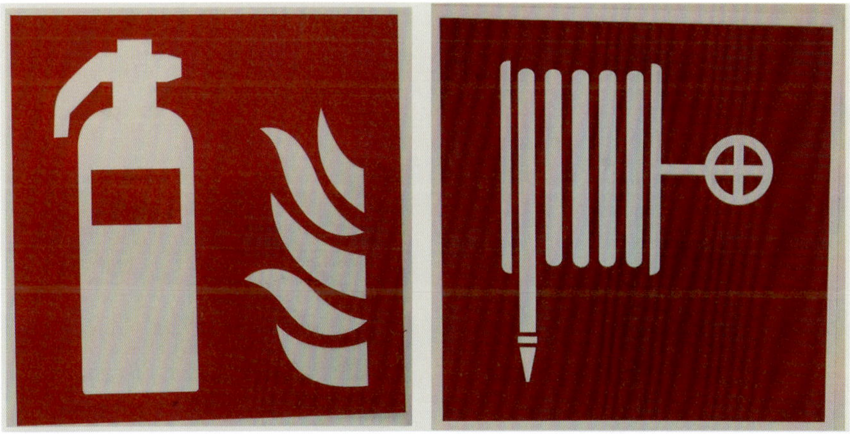

Abb. 21: *Sicherheitskennzeichnung langnachleuchtend gekennzeichnet nach DIN 67510 (links) und ungeeignet (rechts), weil nicht langnachleuchtend (rot auf weiße Folie gedruckt) und somit bei Ausfall der Allgemeinbeleuchtung nicht mehr erkennbar.*

Die Sicherheitskennzeichnung ist so auszuführen, dass sie auch bei Ausfall der Allgemeinbeleuchtung noch erkennbar ist (siehe auch Kapitel 4).

Tipp

Änderungen von Fluchtwegkennzeichnung, Brandschutzzeichen u.a. in den einschlägigen Normen finden auch Eingang in die Technischen Regeln wie der ASR A1.2.

Es gibt „pfiffige" Unternehmen, die diese Änderungen zum Anlass nehmen, um Sie auf die vermeintliche Notwendigkeit zur Anpassung Ihrer Kennzeichnung aufmerksam zu machen. Nicht selten beginnen deren Anschreiben mit Worten wie „Sie müssen jetzt Ihre Flucht- und Rettungswegekennzeichnung ändern ... es drohen hohe Bußgelder ...".

Nichts müssen Sie! Eine Änderung der ASR zur Kennzeichnung von Flucht- und Rettungswegen bedingt nicht zwingend, dass Sie die Kennzeichnung erneuern müssen. Mit Hilfe Ihrer Gefährdungsbeurteilung ist es notwendig zu überprüfen, ob es einen Anpassungsbedarf gibt. Folgende Fragen sollten Sie sich dabei stellen:

- Haben Sie eine einheitliche Kennzeichnung im Unternehmen?

Abb. 22: *Suchbild: Finden Sie die Fluchtwegkennzeichnung? Diese Kennzeichnung entspricht nicht den Anforderungen der ASR A2.3. Die Lösung finden Sie im Anhang (auf Seite 105).*

- Kennen alle Mitarbeiter diese Kennzeichnung? (Unterweisung)
- Ggf. stimmt die Kennzeichnung mit Ihren Flucht- und Rettungswegeplänen überein?
- Gibt es Anlässe, die darauf hindeuten, dass die Kennzeichnung nicht mehr ausreichend sein könnte?

Können Sie die ersten drei Fragen mit „Ja“ und die letzte Frage mit „Nein“ beantworten, so dokumentieren Sie dieses und müssen nichts ändern.

In Nr. 5 liefert die ASR A1.3 eine Reihe von detaillierten Anforderungen an die Sicherheitskennzeichen im Allgemeinen und die Notfallkennzeichen im Speziellen. Dazu gehören folgende:

- Ihre Form ist durch die Tabellen 1 und 2 der Regel vorgegeben. Für Notfallkennzeichen kommen zwei Formen in Frage: quadratisch und rechteckig.
- Brandschutz- und Rettungszeichen dürfen in Verbindung mit Richtungspfeilen verwendet werden. Die Verwendung von Richtungspfeilen alleine ist unzulässig.
- Eine Anhäufung solcher Zeichen ist zu vermeiden.
- Sicherheitszeichen müssen deutlich erkennbar – also in geeigneter Höhe – und dauerhaft angebracht sein. Sie müssen ausreichend durch natürliche oder künstliche Beleuchtung erkennbar sein.
- Wenn keine Sicherheitsbeleuchtung vorhanden ist, müssen die notwendigen Rettungs- und Brandschutzzeichen durch Verwendung von langnachleuchtenden Materialien auch bei Ausfall der Allgemeinbeleuchtung ausreichend erkennbar bleiben. Beachten Sie dabei auch die Ausführungen in Kapitel 4.2.
- Die verwendeten Schilder müssen aus solchen Materialien gefertigt sein, die in der jeweiligen Umgebung ausreichend haltbar sind. Hier bieten sich Materialien wie Kunststoff, Folien oder Metall an.
- Die Sicht- und Erkennungsweiten richten sich nach der ASR A1.3, die Sie in Tabelle 3 auf die wichtigen Informationen reduziert finden.

3.2 Ausstattung mit Sicherheitszeichen, Flucht- und Rettungsplan

Generell gilt, dass in Arbeitsstätten die Sicherheitskennzeichen nach der Technischen Regel ASR A1.3 zu verwenden sind. Diese sind auf den Umschlaginnenseiten abgebildet. Alle anderen Technischen Regeln verweisen auf diese Piktogramme, die u.a. auch in Flucht- und Rettungswegeplänen zur Anwendung kommen müssen.

Tipp

Achten Sie darauf, dass in Ihrem Gebäude die gleichen Kennzeichen hängen, wie sie auf den Flucht- und Rettungswegeplänen abgebildet sind. Häufig werden im Zuge von Umbaumaßnahmen die Schilder getauscht und es wird vergessen, den Plan anzupassen. Das darf so nicht sein.

Flucht- und Rettungspläne sind nicht generell in Arbeitsstätten erforderlich. Wenn sie aber vorhanden sind, müssen sie auch aktuell sein. Oft wird nach An- und Umbauten vergessen, diese anzupassen. Insbesondere in Gebäuden mit hoher Flexibilität und Trockenbauwänden oder Produktionshallen wird die notwendige Aktualisierung oftmals übersehen.

Über ihre Notwendigkeit entscheidet der Arbeitgeber aufgrund seiner Gefährdungsbeurteilung oder die zuständige Ordnungsbehörde im Rahmen ihres Genehmigungsbescheides. Die ASR A2.3 gibt dem Arbeitgeber Anhaltspunkte dafür, wann ein solcher Plan erforderlich sein kann:

- wenn eine unübersichtliche Fluchtwegführung vorliegt (z.B. über Zwischengeschosse, durch größere Räume, bei einer gewinkelten oder von den üblicherweise betrieblich genutzten Verkehrswegen abweichenden Wegführung),
- bei einem hohen Anteil an ortsunkundigen Personen (z.B. Arbeitsstätten mit Publikumsverkehr),
- wenn sich aus benachbarten Arbeitsstätten Gefährdungsmöglichkeiten ergeben (z.B. durch explosions- bzw. brandgefährdete Anlagen oder Stofffreisetzung).
- Bereiche mit einer erhöhten Gefährdung bedürfen ebenfalls eines Flucht- und Rettungsplanes. Solche Räume sind für Räume mit erhöhter Brandgefährdung ohne selbsttätige Feuerlöscheinrichtungen und mit einer Fluchtweglänge bis zu 25 m, für Räume, in denen eine Gefährdung durch explosionsgefährliche Stoffe besteht mit einer Fluchtweglänge bis zu 10 m und für Räume, in denen eine andere Gefährdung als nach Absatz 2 Nummer 1 bis Nummer 4 besteht, dies ist durch eine Gefährdungsbeurteilung unter Anwendung der geltenden Technischen Regeln zu ermitteln, (z.B. bei Lagerung und Verwendung von Gefahrstoffen in ortsbeweglichen Behältern gemäß TRGS 510).

Die Mindestangaben in Flucht- und Rettungsplänen werden ebenfalls beschrieben. Gerne wird darauf verwiesen, dass diese der Norm DIN ISO 26601 entsprechen muss. Das ist aber so nicht korrekt, zumindest nicht für Arbeits-

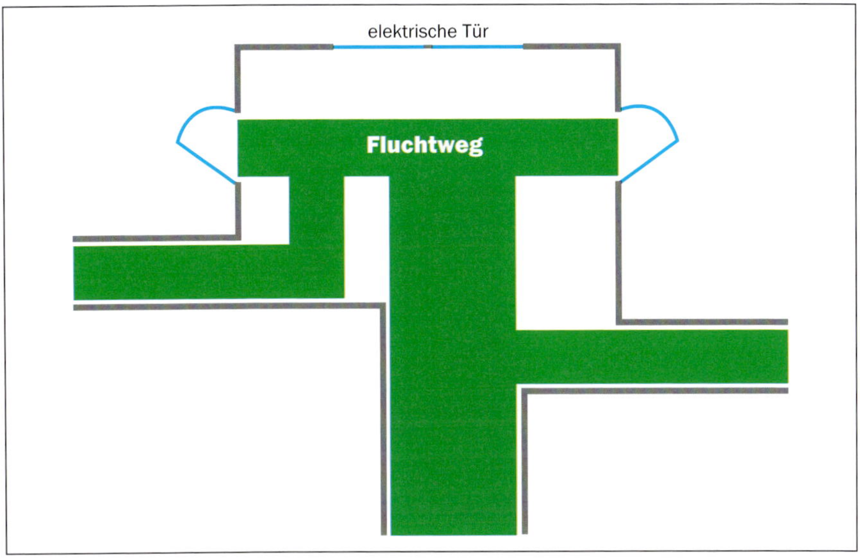

Abb. 23: *Der eigentliche Verkehrsweg führt durch die elektrische Tür, die aber kein Notausgang sein kann. Dafür sind die beiden Seitentüren vorhanden. In diesem Fall ist ein Plan vorzusehen, der dies verdeutlicht.*

stätten, solange keine behördliche Auflage vorliegt, die dies zwingend fordert. Wenn Sie die Norm anwenden, werden Sie auch die arbeitsstättenrechtlichen Anforderungen erfüllen. Die ASR A1.3 bezieht sich aber nicht auf die Norm, sondern legt folgende Mindestangaben und Anforderungen an die graphische Darstellung fest.

- den Gebäudegrundriss oder Teile davon,
- den Verlauf der Hauptfluchtwege,
- die Lage der Erste-Hilfe-Einrichtungen,
- die Lage der Brandschutzeinrichtungen,
- den Standort des Betrachters

und soweit vorhanden

- die Lage der Ausgänge von Nebenfluchtwegen und
- die Lage der Sammelstellen.

Regeln für das Verhalten im Brandfall und bei Unfällen müssen direkt auf dem Flucht- und Rettungsplan dargestellt oder in dessen Nähe angebracht werden.

Für das Verhalten im Brandfall bietet sich die Brandschutzordnung Teil A an, die in jedem Betrieb auszuhängen ist. Und auch der Aushang zum Verhalten im Notfall ist standardisiert in vielfacher Gestaltung zu bekommen.

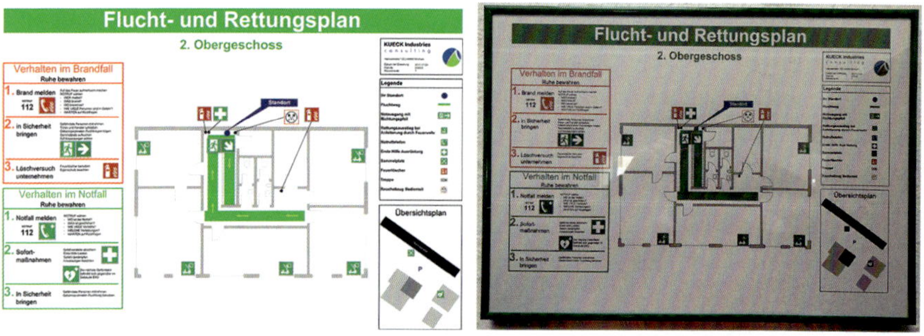

Abb. 24: *Dieser Plan erfüllt die Anforderungen der ASR A2.3, ist aber nicht nach DIN ISO 26601 gefertigt.*

Abb. 25: *Dieser Plan ist schön gerahmt, er erfüllt aber weder die Anforderungen der ASR A2.3 noch der DIN ISO 26601.*

Ein grüner Rahmen herum hebt ihn hervor. Im Format DIN A3 reicht er in der Regel aus. In speziellen Anwendungsfällen wie Hotels oder Klassenzimmern hat sich eine kleinere Fassung im DIN A4 Format bewährt. Ggf. kann es sinnvoll sein, die Anweisungen in unterschiedlichen Sprachen darauf abzubilden.

Der Plan muss auf den jeweiligen Standort des Betrachters bezogen lagerichtig dargestellt werden.

Im Regelfall empfiehlt es sich, diesen an gut sichtbaren Stellen auszuhängen, an denen Mitarbeiter häufig vorbeikommen. Geeignete Stellen sind zentrale

Bereiche in Fluchtwegen, an denen sich häufig Personen aufhalten. Das können beispielsweise Bereiche vor Aufzugsanlagen, in Pausenräumen, in Eingangsbereichen und Hauptverkehrswegen, vor Zugängen zu Treppen sowie an Kreuzungspunkten von Verkehrswegen sein.

Flucht- und Rettungspläne sollen auch bei Ausfall der Allgemeinbeleuchtung noch erkennbar sein. Insbesondere wenn eine Sicherheitsbeleuchtung erforderlich wird, muss die Nutzbarkeit des Planes auch bei Ausfall der allgemeinen Beleuchtung noch gesichert sein. Das kann durch die Sicherheitsbeleuchtung oder auch durch Druck des Planes auf langnachleuchtendem Material erreicht werden.

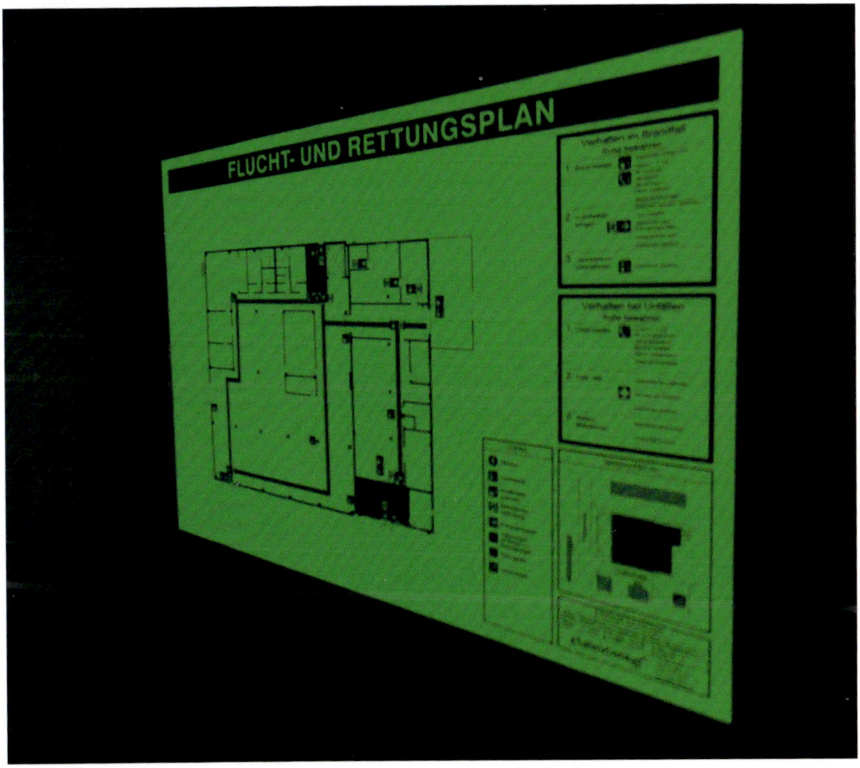

Abb. 26: *Langnachleuchtender Flucht- und Rettungsplan (Foto: EverGlow).*

Kapitel 4
Sicherheitsbeleuchtung

4.1 Notwendigkeit der Sicherheitsbeleuchtung

Die Notwendigkeit einer Sicherheitsbeleuchtung kann sich auf zwei Wegen ergeben. Einerseits kann es sein, dass das Bauordnungsrecht der Länder zwingend eine solche fordert. Das wäre zum Beispiel in § 15 MVStättVO der Fall. Dort heißt es:

§ 15 MVStättVO

In Versammlungsstätten muss eine Sicherheitsbeleuchtung vorhanden sein, die so beschaffen ist, dass Arbeitsvorgänge auf Bühnen und Szenenflächen sicher abgeschlossen werden können und sich Besucher, Mitwirkende und Betriebsangehörige auch bei vollständigem Versagen der allgemeinen Beleuchtung bis zu öffentlichen Verkehrsflächen hin gut zurechtfinden können.

Jede Versammlungsstätte muss also eine Sicherheitsbeleuchtung haben, wenn dieser Passus der MVStättVO so ins Landesrecht übernommen wurde. Für Nordrhein-Westfalen findet sich diese Regelung in § 15 der Sonderbauverordnung (SBauVO NRW) wieder. Die MVStättVO regelt auch gleich im Detail, wo genau eine Sicherheitsbeleuchtung vorhanden sein muss:

- in notwendigen Treppenräumen, in Räumen zwischen notwendigen Treppenräumen und Ausgängen ins Freie und in notwendigen Fluren
- in Versammlungsräumen sowie in allen übrigen Räumen für Besucher (z.B. Foyers, Garderoben, Toiletten)
- für Bühnen und Szenenflächen
- in den Räumen für Mitwirkende und Beschäftigte mit mehr als 20 m^2 Grundfläche, ausgenommen Büroräume
- in elektrischen Betriebsräumen, in Räumen für haustechnische Anlagen sowie in Scheinwerfer- und Bildwerferräumen
- in Versammlungsstätten im Freien und Sportstadien, die während der Dunkelheit benutzt werden

- für Sicherheitszeichen von Ausgängen und Rettungswegen
- für Stufenbeleuchtungen

Auch die Muster-Beherbergungsstättenverordnung (MBeVO), die Muster-Hochhaus-Richtlinie (MHHR), die Muster-Schulbau-Richtlinie (MSchulbauR) und die Muster-Verkaufsstättenverordnung (MVKVO) enthalten diesbezügliche Regelungen. In NRW finden sich all diese Regelungen derzeit in der SBauVO NRW wieder.

Für Arbeitsstätten, so sie nicht sowieso unter eine der vorstehenden Regelungen fallen, findet sich die Sicherheitsbeleuchtung in den Technischen Regeln ASR A2.3 und ASR A3.4 wieder.

Die ASR A2.3 sagt, dass Fluchtwege mit einer Sicherheitsbeleuchtung auszurüsten sind, wenn bei Ausfall der allgemeinen Beleuchtung das gefahrlose Verlassen der Arbeitsstätte nicht gewährleistet ist. Sie konkretisiert beispielhaft, wann das so sein kann:

In Arbeitsstätten

1. mit hoher Personenbelegung,
2. bei Flächenausdehnung (z.B. Hallen, Großraumbüros, Verkaufsstätten),
3. bei fehlendem Tageslicht (z.B. Räume unter Erdgleiche, innenliegende Treppenräume und Flure, Schichtbetrieb, wenn nicht während der gesamten Arbeitszeit durch das einfallende Tageslicht ein Mindestwert der Beleuchtungsstärke von 1 lx für die Fluchtwege gegeben ist),
4. mit betrieblichen Gründen für Dunkelheit (z.B. Fotolabor),
5. bei Anwesenheit ortsunkundiger Personen (z.B. Kunden, Besucher),
6. bei erhöhter Gefährdung (z.B. durch Stolpern und Stürzen, auf Treppen),
7. bei unübersichtlicher Fluchtwegführung (z.B. bei Fluchtwegen mit häufigen Richtungsänderungen) oder
8. bei eingeschränkter Erkennbarkeit des Fluchtweges und seiner Begrenzung (z.B. durch neben dem Fluchtweg abgestelltes Lagergut oder im Zuge der Evakuierung spontan abgestellter Arbeitsmittel).

Die Technische Regel ASR A3.4 präzisiert die Notwendigkeit der Sicherheitsbeleuchtung dann noch für Arbeitsbereiche mit besonderer Gefährdung (s.o.) und liefert folgende – nicht abschließende – Liste:

1. Laboratorien, in denen es notwendig ist, dass Beschäftigte einen laufenden Versuch beenden oder unterbrechen müssen, um eine akute Gefährdung von Beschäftigten und Dritten zu verhindern. Solche akuten Gefährdungen können z.B. Explosionen oder Brände sowie das Freiset-

zen von Krankheitserregern oder giftigen, sehr giftigen oder radioaktiven Stoffen in Gefahr bringender Menge sein,
2. Arbeitsplätze, die aus technischen Gründen dunkel gehalten werden müssen,
3. elektrische Betriebsräume und Räume für haustechnische Anlagen,
4. der unmittelbare Bereich langnachlaufender Arbeitsmittel mit nicht zu schützenden bewegten Teilen, die Gefährdungen für Sicherheit und Gesundheit der Beschäftigten verursachen können, z.B. Plandrehmaschinen,
5. Steuereinrichtungen für ständig zu überwachende Anlagen, z.B. Schaltwarten und Leitstände für Kraftwerke, chemische und metallurgische Betriebe sowie Arbeitsplätze an Absperr- und Regeleinrichtungen, die betriebsmäßig oder bei Betriebsstörungen zur Vermeidung von Gefährdungen für Sicherheit und Gesundheit der Beschäftigten betätigt werden müssen, um Produktionsprozesse gefahrlos zu unterbrechen bzw. zu beenden,
6. Bereiche in der Nähe heißer Bäder oder Gießgruben, die aus produktionstechnischen Gründen nicht durch Geländer oder Absperrungen gesichert werden können,
7. Bereiche um Arbeitsgruben, die aus arbeitsablaufbedingten Gründen nicht abgedeckt sein können oder
8. Arbeitsplätze auf Baustellen.

4.2 Anforderungen an die Sicherheitsbeleuchtung und Richtwerte

Anforderungen an die Sicherheitsbeleuchtung sind an mindestens drei Stellen definiert. Als Stand der Technik können die DIN EN 50172:2005-01 einerseits und die Technischen Regeln ASR A2.3 und ASR A3.4 herangezogen werden. Nachfolgende Ausführungen beziehen sich ausschließlich auf die Technische Regel.

Die **Beleuchtungsstärke** der Sicherheitsbeleuchtung muss in Fluchtwegen **mindestens 1 Lux (lx)** betragen. Die Regel erklärt auch gleich, wie die Gleichmäßigkeit, also das Verhältnis der maximalen zur minimalen Beleuchtungsstärke aussehen soll. Es soll < 40:1 betragen. Außerdem legt sie fest, wie die Beleuchtungsstärke zu ermitteln ist, nämlich auf der Mittellinie des Fluchtweges in einer Höhe von 20 cm Höhe über dem Fußboden bzw. den Treppenstufen.

Nach Ausfall der Allgemeinbeleuchtung muss die Sicherheitsbeleuchtung für Fluchtwege 50 % der erforderlichen Beleuchtungsstärke nach Absatz 1 innerhalb von 5 s erreichen; 100 % der erforderlichen Beleuchtungsstärke müssen nach 60 s erreicht werden.

Für bereits vorhandene Sicherheitsbeleuchtungsanlagen entfällt die Anforderung nach Satz 1, 100 % der erforderlichen Beleuchtungsstärke müssen dabei nach 15 s erreicht werden. Dies gilt, bis die jeweiligen Bereiche dieser Arbeitsstätten wesentlich erweitert oder umgebaut werden.

Die Sicherheitsbeleuchtung für Fluchtwege muss für die Dauer, die für das gefahrlose Verlassen der Arbeitsstätte ins Freie erforderlich ist, jedoch mindestens für einen Zeitraum von 30 min nach Ausfall der Allgemeinbeleuchtung die erforderliche Beleuchtungsstärke erbringen.

Die Beleuchtungsstärke der Sicherheitsbeleuchtung ist auf der Grundlage der Gefährdungsbeurteilung festzulegen. Die Beleuchtungsstärke muss mindestens 15 lx mit einer Gleichmäßigkeit (Verhältnis der maximalen zur minimalen Beleuchtungsstärke) von < 10:1 betragen. Allgemein bewährt hat sich ein Wert von 10 % der mittleren Beleuchtungsstärke der Allgemeinbeleuchtung. Im Einzelfall können höhere Beleuchtungsstärken erforderlich sein. Die Beleuchtungsstärke und die Gleichmäßigkeit sind am Ort der Sehaufgabe zu messen.

Die erforderliche Beleuchtungsstärke der Sicherheitsbeleuchtung ist innerhalb von 0,5 s nach Ausfall der Allgemeinbeleuchtung zu erreichen. Diese Beleuchtungsstärke muss mindestens für die Dauer der besonderen Gefährdung zur Verfügung stehen.

Die Lichtfarbe der Sicherheitsbeleuchtung ist so zu wählen, dass die Sicherheitsfarben erkennbar bleiben. Der allgemeine Farbwiedergabeindex R_a darf nicht unter 40 liegen und eine störende Blendung der Beschäftigten ist zu vermeiden oder – wenn dies nicht möglich ist – zu minimieren.

4.3 Optische Sicherheitsleitsysteme

Die ASR A2.3 fordert zunächst unter bestimmten Bedingungen die grundsätzliche Einrichtung von optischen Sicherheitsleitsystemen.

Um die Sicherheit beim Verlassen der Arbeitsstätte auch nach Ausfall der Allgemeinbeleuchtung zu erhöhen, können optische Sicherheitsleitsysteme zusätzlich zur Kennzeichnung mit hochmontierten Sicherheitszeichen oder zusätzlich zur Sicherheitsbeleuchtung als Orientierungshilfe eingesetzt werden.

Optische Sicherheitsleitsysteme führen insbesondere zu einer Verbesserung:

- der Wahrnehmung des Verlaufes und Begrenzung des Fluchtweges,
- der Wahrnehmung baulicher Einrichtungen, z.B. Türrahmen, Treppenstufen, Bedienelemente und
- der Orientierung bei Verrauchung.

Dabei kann ein Sicherheitsleitsystem notwendig sein, das auf eine Gefährdung reagiert und die günstigste Fluchtrichtung anzeigt.

In Arbeitsstätten, in denen regelmäßig eine größere Anzahl ortsunkundiger Personen auf einen Fluchtweg angewiesen sein kann, ist mit einem erhöhten Unfallrisiko aufgrund des Ausfalls der Allgemeinbeleuchtung zu rechnen. Im Rahmen der Gefährdungsbeurteilung sind solche Fluchtwege zu ermitteln. Auf diesen Fluchtwegen muss die erforderliche Beleuchtungsstärke der Sicherheitsbeleuchtung innerhalb von 1 s erreicht werden.

4.3.1 Allgemeines

Optische Sicherheitsleitsysteme können Leben retten. Sie führen insbesondere zu einer Verbesserung der Wahrnehmung des Verlaufes und Begrenzung des Fluchtweges sowie der Wahrnehmung baulicher Einrichtungen wie Türrahmen, Treppenstufen, Bedienelemente und generell der Orientierung bei Verrauchung.

Dabei kann ein Sicherheitsleitsystem hilfreich oder gar notwendig sein, welches auf eine Gefährdung reagiert und die günstigste Fluchtrichtung anzeigt.

In Nr. 8.4.1 der ASR A2.3 werden allgemeine Grundsätze festgelegt:

- Eine beidseitige Kennzeichnung der Hauptfluchtwege ist immer dann erforderlich, wenn die Fluchtwegbreite mehr als 2,00 m beträgt. Vorzugsweise ist auch bei geringerer Breite der Hauptfluchtwege die Kennzeichnung beidseitig auszuführen.
- Zwei Ausführungen sind für ein optisches Sicherheitsleitsystem möglich: Entweder **lang nachleuchtend** oder **elektrisch** betrieben. Aber auch eine Kombination beider Systeme ist möglich. Dabei muss darauf geachtet werden, dass nicht nur die Fluchtwege und Notausgänge selber, sondern auch dort enthaltene Gefahrstellen erkannt werden können.
- Die Fluchtrichtungen müssen mit Hilfe der Sicherheitszeichen „Rettungsweg/Notausgang“ (E001 bzw. E002) gemäß ASR A1.3 angegeben werden. Dabei ist dieses mit einem Richtungspfeil als Zusatzzeichen zu versehen. Dabei muss darauf geachtet werden, dass Piktogramm und Pfeil richtig zueinander stehen (siehe nachfolgende Abbildungen). Denken Sie auch hier daran, dass Sie keine Schilder unterschiedlicher Generationen miteinander vermischen dürfen.

als Einzel-piktogramm **unzulässig**	als Einzel-piktogramm **unzulässig**	**richtige** Kombination aus Piktogramm „Rettungsweg/Notausgang“ und Richtungspfeil

Abb. 27: *Fluchtwegpiktogramme zulässig und unzulässig verwendet.*

Falsch! Laufrichtung der Person im Piktogramm und Richtungspfeil weisen in entgegengesetzte Richtungen	**Richtig!** Laufrichtung der Person im Piktogramm und Richtungspfeil weisen in die gleiche Richtung

Abb. 28: *Richtig und falsch zusammengestellte Piktogramme.*

Die Kennzeichnung der Fluchtrichtung ist im Verlauf des Fluchtweges und bei Richtungsänderungen anzubringen, so dass der Laufweg jederzeit nachvollzogen werden kann.

Es ist nicht zulässig, die Rettungszeichen auf Türflügeln zu montieren (siehe nachfolgende Abbildung). Denn bei geöffneter Tür sind diese nicht mehr zu sehen. Ist es im Ausnahmefall unvermeidbar, solche auf die Türflügel zu montieren, so muss die Leitmarkierung auf dem Fußboden weitergeführt werden, damit sie für Flüchtende erkennbar bleibt.

Abb. 29: *Ordnungsgemäße Kennzeichnung der möglichen Richtungswechsel.*

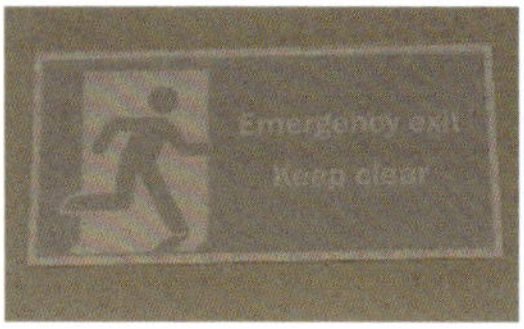		
Schön, aber ungeeignet; Fluchtwegkennzeichnung hinter Glas geätzt	Unvollständiges Piktogramm über einer Tür; die Laufrichtung weist gegen eine Wand hinter der Tür	„Alte“ hinterleuchtete Pfeile über einer Glastür, im Hellen und bei Gegenlicht nicht als Fluchtwegmarkierung erkennbar

Abb. 30: *Fehlerhafte, ungeeignete und unzulässige Kennzeichnungen.*

Abb. 31: *Falsch! – Kennzeichnung auf dem Türflügel angebracht. Im Gefahrenfall und bei geöffneter Tür ist diese Kennzeichnung nicht mehr sichtbar.*

Für den Mindestabstand der Sicherheitszeichen und möglicher Schriftgrößen liefert die ASR A1.3 sehr konkrete Vorgaben:

Tab. 2: *Auszug aus ASR A1.3 (Tabelle 3) zur Bemaßung von Brandschutz- und Rettungszeichen.*

Erkennungsweite [m]	Schriftzeichen (Ziffern und Buchstaben) Schriftgröße (h) [mm]	Rettungs-, Brand-schutz- und Zusatzzeichen Höhe (a) [mm]
0,5	2	12,5
1	4	25
2	8	
3	10	50
4	14	
5	17	
6	20	100
7	23	
8	27	
9	30	
10	34	
11	37	150
12	40	
13	44	
14	47	
15	50	
16	54	200
17	57	
18	60	
19	64	
20	67	

Tab. 2: *Auszug aus ASR A1.3 (Tabelle 3) zur Bemaßung von Brandschutz- und Rettungszeichen. (Forts.)*

Erkennungsweite [m]	Schriftzeichen (Ziffern und Buchstaben) Schriftgröße (h) [mm]	Rettungs-, Brandschutz- und Zusatzzeichen Höhe (a) [mm]
21	70	300
22	74	
23	77	
24	80	
25	84	
26	87	
27	90	
28	94	
29	97	
30	100	

Werden Leitmarkierungen an der Wand und auf dem Boden angebracht, so sind sie miteinander zu verbinden und durchgehend bis zum nächsten sicheren Bereich zu führen (siehe nachfolgende Abbildung).

Haben Sie Leitmarkierungen über den Boden geführt, müssen diese durchgehend sein. Als durchgehend werden sie von der Technischen Regel angesehen, wenn mindestens drei Markierungen pro Meter und diese in regelmäßigen Abständen aufgebracht sind. Dabei müssen diese Markierungen einen Durchmesser oder eine Kantenlänge von mindestens 5 cm haben (siehe nachfolgende Abbildung).

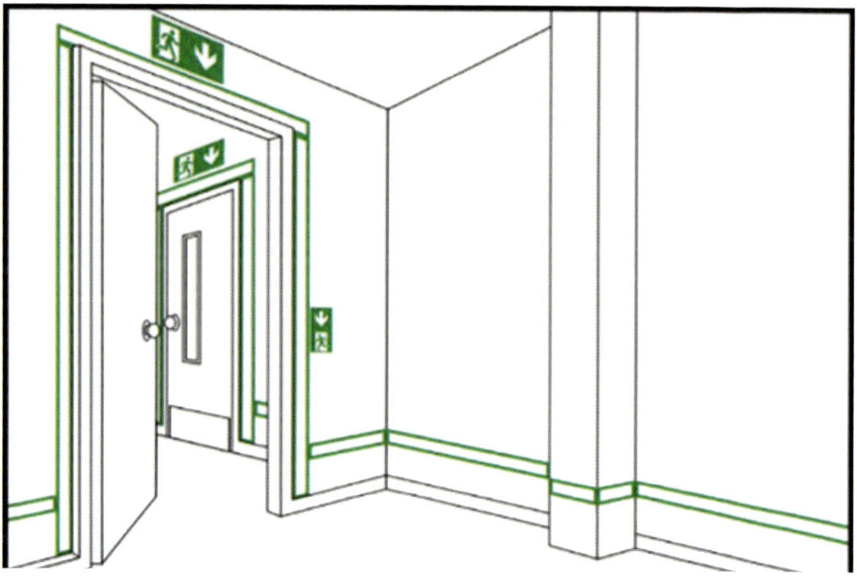

Abb. 32: *Durchgängige Leitmarkierung gemäß ASR A2.3 Nr. 8 Absatz 4: Abb. 1: Beispiel für die Anordnung von Komponenten eines langnachleuchtenden optischen Sicherheitsleitsystems und hochmontierter langnachleuchtender Sicherheitszeichen (räumliche Darstellung und Grundriss)*

Abb. 33: *Bodenmarkierung hier mit Kennzeichnung von Gefahrenstellen bei künstlicher Beleuchtung und bei Ausfall der Allgemeinbeleuchtung; die Bodenmarkierung bedarf 3 Kennzeichen (Pfeile oder Punkte) pro Meter (Fotos: EverGlow).*

Grundsätzlich lässt die Technische Regel zwei Arten von Sicherheitsleitsystem zu. Einerseits sind langnachleuchtende Schilder, andererseits elektronische Leitmarkierungen möglich. Auch die Kombination beider Systeme ist zulässig.

Die DIN 67510 Teil 3 beschreibt neben der Technischen Regel ASR A2.3 den deutschen Stand der Technik hinsichtlich solcher Leitsysteme. Auf internationaler Ebene existiert darüber hinaus die ISO 16069. Diese beschreibt auch die Anforderungen an elektrische Sicherheitsleitsysteme (s.u.).

4.3.2 Langnachleuchtende Sicherheitsleitsysteme

Langnachleuchtende Sicherheitsleitsysteme müssen mindestens die Anforderungen der DIN 67510-1:2020-05, Klasse C erfüllen. Die ausreichende Anregung der langnachleuchtenden Materialien ist sicherzustellen, z.B. hinsichtlich Dauer, Art und Intensität der Beleuchtung. Die Funktionsweise des langnachleuchtenden Sicherheitsleitsystems ist durch Dokumentation des Herstellers oder eine Messung am Ort der Anwendung nach DIN ISO 16069:2019-04 Anhang B nachzuweisen.

Tipp

Lassen Sie sich vom Hersteller/Lieferanten schriftlich bestätigen, dass die von ihm angebotenen und von Ihnen vorgesehenen langnachleuchtenden Schilder dieser Anforderung genügen. Fragen Sie auch danach, unter welchen Bedingungen dies gilt. Im Zweifel können Sie das auch durch aufwändige Messungen nachweisen.

Bringen Sie Leitmarkierungen in Form von langnachleuchtenden Leuchtstreifen an, wie in obiger Abbildung gezeigt, so verlangt die ASR A2.3, dass diese mindestens 5 cm breit sind.

Türen und Notausgänge müssen Sie bei einem Leitsystem mit langnachleuchtenden Streifen entsprechend vorstehender Güte umranden, so wie in der Abbildung oben dargestellt. Diese Umrandung muss mindestens eine Breite von 20 mm haben. Türgriffe sind langnachleuchtend zu gestalten oder flächig in gleicher Weise zu hinterlegen.

Treppen, Treppenwangen, Handläufe und Rampen im Verlauf von Fluchtwegen müssen Sie so kennzeichnen, dass Anfang und Ende sowie deren Verlauf eindeutig erkennbar sind.

Abb. 34: *Langnachleuchtende Fluchtwegkennzeichnung, oben bei Tageslicht, unten bei Dunkelheit und Ausfall der Allgemeinbeleuchtung (Fotos: EverGlow).*

4.3.3 Elektrisch betriebene Sicherheitsleitsysteme

Abweichend von Tabelle 2 gilt für hinterleuchtete Sicherheitszeichen als Teil eines optischen Sicherheitsleitsystems, dass deren Abstand maximal 10 Meter betragen darf. Außerdem muss jeder Richtungswechsel durch ein neues hinterleuchtetes Zeichen gekennzeichnet werden.

Damit zwischen bodennahen hinterleuchteten Sicherheitszeichen die Leitfunktion sicher zu erreichen ist, müssen diese kontinuierlich hinterleuchtet oder durch bodennahe Sicherheitsleuchten unterstützt werden. Das kennen Sie zum Beispiel aus Theater- und Kinosälen. Diese müssen ebenfalls eine Beleuchtungsstärke von 1 lx in einer Höhe von 20 cm über dem Boden und in der Mitte des Fluchtweges aufweisen. Störende Blendungen sind ggf. durch Abschirmung zu vermeiden. Die elektrisch betriebenen Sicherheitsleitsysteme müssen mindestens für die Dauer, die für das gefahrlose Verlassen der Arbeitsstätte ins Freie oder in einen gesicherten Bereich erforderlich ist, funktionsfähig sein. In der Regel ist ein Zeitraum von 30 min nach Ausfall der Allgemeinbeleuchtung ausreichend. Ihre Beleuchtung muss selbstständig einsetzen (Stromquelle für Sicherheitszwecke).

Deren Funktion und Einsatzbereitschaft sind regelmäßig zu überprüfen. Die Überprüfung ist zu dokumentieren. Legt keine andere Regelung fest, in welchem Intervall Sie diese Funktionsprüfung durchführen, so legen Sie dieses Intervall im Rahmen der Gefährdungsbeurteilung fest. Darüber hinaus kann es notwendig sein, solche Systeme regelmäßig wiederkehrend durch dazu besonders befähigte Personen auf ihren funktionssicheren Zustand hin über-

Abb. 35: *Elektrisch betriebene Sicherheitsbeleuchtung (links: alt herkömmlich, rechts: neu und mit LED-Technik).*

prüfen zu lassen. Das Intervall dafür beträgt in der Regel 12 Monate (siehe auch Kapitel 6).

Hinweis

„Werden dynamische optische Sicherheitsleitsysteme eingesetzt, müssen alle damit verbundenen sicherheitsrelevanten Komponenten so gestaltet sein, dass auch bei Ausfall einzelner Komponenten die Funktionsfähigkeit des Gesamtsystems erhalten bleibt.“ (Quelle ASR A2.3)

4.3.4 Konsequenzen für den Alltag

Welches Kennzeichen nehmen Sie jetzt? Das langnachleuchtende oder das elektrisch hinterleuchtete Piktogramm? Diese Frage ist nicht einfach zu beantworten. So kann einerseits die Bauordnungsbehörde in ihrem Genehmigungsbescheid ein solches System fordern. Wenn das so ist, sind Sie zunächst an diese Entscheidung gebunden. Wollen Sie dann das andere System oder eine Mischung aus beiden einsetzen, benötigen Sie dafür eine Änderung ihrer Genehmigungslage.

Sie dürfen auf keinen Fall hinterleuchtete Schilder einfach durch langnachleuchtende überkleben. Ältere hinterleuchtete Anlagen fallen häufig aus und haben einen hohen Dauerstromverbrauch. Neue LED-basierte Anlagen haben diesen Nachteil nicht mehr. Für ein hinterleuchtetes System ist in der Regel eine umfangreiche elektrotechnische Installation erforderlich. All dieses entfällt bei langnachleuchtenden Schildsystemen. Diese müssen Sie nur einmal installieren (lassen) und regelmäßig auf ihr Vorhandensein hin kontrollieren. Um einen wirtschaftlichen Vergleich anstellen zu können, müssten Sie mindestens folgende Faktoren miteinander vergleichen:

- Installations- und Montagekosten (Personal, Kabel)
- Kosten für das Schildmaterial (Anzahl der Schilder, Länge der Linien)
- Unterhaltskosten im laufenden Betrieb (Strom, Reinigung, Austausch)
- Wartungs- und Prüfkosten
- Lebensdauer des Systems

Kapitel 5
Mitarbeiterunterweisung

Der Arbeitgeber hat hier genauso grundsätzliche Unterweisungspflichten, wie in allen anderen Arbeitssituationen auch. Arbeitsschutzgesetz, DGUV Vorschrift 1 sowie die Arbeitsstättenverordnung lassen hier keinen Spielraum. Sie müssen unterweisen:

- vor Aufnahme der Tätigkeit, bei neuen Mitarbeitern also zu Beginn des ersten Arbeitstages
- regelmäßig wiederkehrend, längstens alle 12 Monate
- bei Verstößen oder Fehlverhalten
- bei Änderungen und neuen Erkenntnissen

Verstöße oder Fehlverhalten können zum Beispiel die oben genannten „T90-Keile“ unter Brandschutz- und Rauchabschlusstüren sein.

Änderungen können beispielsweise andere Wegführungen, neue Abläufe im Gefahrenfall oder geänderte Rufnummern sein. Das klassische Beispiel ist die Frage nach der Notrufnummer: 112 oder 0112? Das hängt von ihrer Telefonanlage ab. Muss die Null, eine andere Ziffer oder Taste vorgewählt werden, um die Rettungsleitstelle zu erreichen, müssen die Mitarbeiter das wissen. Durch Unterweisung und Aushang!

Tipp

Kennzeichnen Sie spezielle interne Notrufnummern oder Vorwahlpflichten für Notrufe durch Aufkleber am Telefon. In der Hektik des Notfalls vergessen Mitarbeiter schnell die „0“ vorzuwählen und wundern sich dann, dass niemand ans Telefon geht. Sie haben vergessen, dass die interne 112 in einem Büro und nicht in der Rettungsleitstelle landet.

Wie alle Unterweisungen müssen auch diese in verständlicher Form vorgenommen werden. Denken Sie dabei an Personen mit Migrationshintergrund und fehlenden/unzureichenden Kenntnissen der deutschen Sprache. Ggf. benötigen Sie hier einen Übersetzer. Die ASR A2.3 sieht außerdem vor, mindestens einmal im Jahr die Fluchtwege mit den Mitarbeitern abzugehen. Dabei entdeckt man dann auch verstellte Fluchtwege, nicht mehr funktionierende Sicherheitstüren und andere Mängel, die es zu beseitigen gilt.

Ein Klassiker der Unterweisung ist der Hinweis auf das Verbot, in Flucht- und Rettungswegen Gegenstände und/oder Brandlasten abzustellen und diese so zu blockieren, deren Verwendung zu gefährden oder sie gar unbrauchbar zu machen (siehe Bilder).

Abb. 36: *Unzulässige Gegenstände im Verlauf von Fluchtwegen.*

Sie müssen die Mitarbeiter insbesondere auch über die Flucht- und Rettungspläne und das richtige Verhalten im Gefahrenfall regelmäßig – also mindestens einmal jährlich – unterweisen. Die technische Regel empfiehlt, mindestens einmal im Jahr eine Begehung der Fluchtwege durchzuführen.

Neben der Unterweisung sind Evakuierungsübungen durchzuführen. Dabei soll Ihr Augenmerk besonders auf folgende Gesichtspunkte gelegt werden:

- Kann die Alarmierung zu jeder Zeit unverzüglich ausgelöst werden?
- Erreicht die Alarmierung alle Personen, die sich im Gebäude aufhalten?
- Kennen alle Personen, die sich im Gebäude aufhalten, die Bedeutung der Alarmierungssignale?
- Konnten die Fluchtwege schnell und sicher benutzt werden?
- Wie haben sich die Personen nach der Alarmierung verhalten?

Bei manchen Übungen kann man interessantes Verhalten beobachten. Von Personen, die noch einmal zurück ins Gebäude gehen und eine Jacke holen, weil es regnet, über solche, die erst noch zu Ende telefonieren müssen, bis zu Vorgesetzten, die das Gebäude gar nicht verlassen, weil „das ja sowieso nur eine Übung ist".

Fallbeispiele

Anlässlich einer Evakuierungsübung werden drei Personen am Sammelplatz vermisst. Auf Nachfrage stellt sich schnell heraus, wer das ist und wo sich diese Personen aufhalten. Warum sie nicht da sind, ist auch sofort klar. Sie haben den Alarm nicht mitbekommen, denn sie sind gehörlos. Niemand hat sich darüber Gedanken gemacht, wie die gehörlosen Mitarbeiter alarmiert werden. Erst im Nachgang zur Übung wurde dies durch optische und haptische Alarmgeber gelöst.

In einem anderen Beispiel fand man sich am Sammelplatz ein und stellte die Vollzähligkeit fest. Als man dabei war, winkten nette Menschen vom Dach herunter und wunderten sich. Man hatte schlicht und einfach die Handwerker auf dem Dach vergessen zu erfassen und zu alarmieren. Auch hier wurden erst nach der Übung organisatorische Maßnahmen getroffen, damit Handwerker im Alarmfall nicht vergessen werden.

In einem dritten Beispiel handelte es sich im ersten Augenblick nicht um eine Übung, sondern einen realen Feueralarm. Alle verließen das Gebäude mit Ausnahme der Reinigungskräfte einer Fremdfirma. Diese weigerten sich das Gebäude zu verlassen, weil ihr Chef ihnen gesagt habe, dass sie erst gehen dürfen, wenn sie mit ihrer Arbeit fertig seien. Hier war ein Gespräch mit dem Chef – also dem Auftragnehmer – erforderlich.

In Kapitel 8 finden Sie eine Beispieldokumentation der Evakuierungsübung, einmal für den Beobachter und einmal als Fragebogen, den die Mitarbeiter ausfüllen sollen.

Wie oft sollen Sie Evakuierungsübungen durchführen? Das Arbeitsstättenrecht macht hier keine Vorgabe, sondern verweist auf andere mögliche Rechtsvorschriften wie Bauordnungsrecht, Gefahrstoffrecht oder Immissionsschutzrecht. Bewährt hat sich in den meisten Fällen die jährliche Wiederholung.

Gibt es aus anderen Gründen die Notwendigkeit, einen Gefahrenabwehrplan zu erstellen, so ist der Flucht- und Rettungsplan mit diesen Plänen abzustimmen und zu verknüpfen.

Außerdem besteht auch eine Unterweisungspflicht nach ASR A2.2 „Maßnahmen gegen Brände“. Diese können Sie bestens mit dieser Unterweisung verknüpfen. Einerseits ist es sinnvoll, die Sicherheits- und Notfallorganisation in einer Unterweisung durchzuführen. Andererseits gibt diese Technische Regel sogar explizit den Hinweis darauf. Diese Inhalte gehören in jede Unterweisung:

- Flucht- und Rettungswege, deren Verläufe und Besonderheiten
- Ort/e der Sammelplätze und Regeln zum Verhalten an ebendiesen
- Standorte der Erste Hilfe- und Brandschutzausrüstung
- Standorte der Flucht- und Rettungswegepläne
- Notrufnummern
- Erst- und Brandschutzhelfer sowie deren Erreichbarkeit
- Verhalten im Brandfall und Verhalten bei anderen Notfällen
- positive Beispiele aus dem Unternehmen
- Dinge, die nicht geklappt haben (versperrte Türen, Keile an Brandschutztüren etc.)

Kapitel 6
Instandhaltung und Wartung

Die Instandhaltung und Wartung müssen Sie in der Gefährdungsbeurteilung betrachten und klären. Hilfreich dabei sind die ASR A1.8 und die ASR A3.4. Nachfolgend sind die wichtigsten Informationen für Sie zusammengefasst:

- Prüfen Sie in regelmäßigen Abständen die Sicherheitsbeleuchtung, hinterleuchtete Sicherheitskennzeichen sowie langnachleuchtende Sicherheitskennzeichen auf ihre ordnungsgemäße Funktion hin. Dokumentieren Sie diese Prüfung.
- Steigleitern bedürfen der regelmäßigen Funktionsprüfung sowie der regelmäßig wiederkehrenden Überprüfung auf ihren sicheren Zustand hin.
- Sicherheitsbeleuchtung und Sicherheitsleitsysteme sind regelmäßig sachgerecht warten zu lassen. Dabei müssen Sie die Vorgaben und Empfehlungen des Herstellers beachten.
- Festgestellte Mängel sind unverzüglich zu beseitigen.
- Ist die Messung von Leuchtdichten von langnachleuchtenden Sicherheitskennzeichen erforderlich, so ist diese mit kalibrierten Messgeräten durchzuführen. Die Ergebnisse der Messung sind zu dokumentieren.
- Stromquellen für Sicherheitszwecke dürfen nur dafür verwendet werden. Eine Nutzung für andere Zwecke ist unzulässig.

Kapitel 7
Brandschutz und Erste-Hilfe-Einrichtungen

Für die Erste-Hilfe-Ausrüstung in der Arbeitsstätte richten Sie sich nach der ASR A4.3 „Erste-Hilfe-Räume, Mittel und Einrichtungen zur Ersten Hilfe". Dort finden Sie Hinweise dazu, welche Erste-Hilfe-Materialien Sie unter welchen Bedingungen benötigen. Wo diese aufzustellen sind und welche Abstände diese zueinander haben dürfen. Ihre Kennzeichnung richtet sich nach den vorhergehenden Beschreibungen.

Gleiches gilt für das Thema Brandschutz. Nur ist es hier die ASR A2.2 „Maßnahmen gegen Brände", die Ihnen alle notwendigen Informationen liefert.

Die Informationen aus beiden Quellen verarbeiten Sie in der Gefährdungsbeurteilung. Diese müssen Sie fachkundig durchführen und regelmäßig anpassen.

Abb. 37: *Erste Hilfe und Brandschutzausrüstung an einem Ort mit entsprechender Kennzeichnung.*

Abb. 38: *Diese Brandschutzausrüstung ist nicht nur nicht mehr zeitgemäß gekennzeichnet, sondern auch für den Einsatz durch Nicht-Feuerwehrleute ungeeignet. Der Schlauch ist nicht formstabil und durch ungeübte Laien gar nicht handhabbar.*

Abb. 39: *Vorbildliche Kennzeichnung von Feuerlöschgerät.*

Kapitel 8
Arbeitshilfen und Aushänge

8.1 Aushang – Brandschutzordnung Teil A

8.2 Aushang – Verhalten im Notfall

Notfall-Rufnummern

Verhalten bei Unfällen

Ruhe bewahren!

Unfall melden

Ersthelfer: ____________ ☎ ____________

Notarzt/Rettungsdienst über Notruf ☎ 112 alarmieren!

Inhalt der Meldung:

- **Wer** meldet?
- **Wo** ist etwas passiert?
- **Was** ist passiert?
- **Wie viele** Verletzte?
- **Welche** Arten von Verletzungen?
- **Warten** auf Rückfragen!

Erste Hilfe

Absicherung des Unfallortes

Versorgung der Verletzten

Auf Anweisungen achten

Sanitätsstelle:	____________	☎	____________
Nächster Arzt:	____________	☎	____________
Augenarzt:	____________	☎	____________
HNO-Arzt:	____________	☎	____________
Betriebsarzt	____________	☎	____________
Sicherheitsfachkraft:	____________	☎	____________

Weitere Maßnahmen

Rettungsdienst einweisen, Eigensicherung beachten

8.3 Checkliste zur Beurteilung einer Evakuierungsübung durch den/die Beobachter

Checkliste zur Beurteilung einer Evakuierungsübung durch den/die Beobachter

1. Erfassung des Ist-Zustandes vor einer Übung

Unternehmen:	
Betriebsteil:	
Verantwortliche(r) für die Prüfung:	
Weitere Beteiligte	
Datum	
Unterschrift	

Checkpunkte	**Handlungsbedarf**	**Planungen/ Maßnahmen**
Es ist festgelegt, wie Art und Grund der Alarmierung sowie die Notwendigkeit der Evakuierung bekannt gegeben wird.	☐ Ja ☐ Nein ☐ Nicht anwendbar	
Rettungswege, Ausgänge und Sammelplätze sind gekennzeichnet und freigehalten.	☐ Ja ☐ Nein ☐ Nicht anwendbar	
Es sind Maßnahmen festgelegt, wie die Notwendigkeit der Evakuierung den Beschäftigten bekannt gemacht werden kann. Bei Lautsprecherdurchsagen sind Texte für die Anweisung zur Evakuierung vorzubereiten – zum Beispiel Textkarten, Kassetten usw.	☐ Ja ☐ Nein ☐ Nicht anwendbar	
Für Behinderte sowie Betriebsfremde ist gesorgt.	☐ Ja ☐ Nein ☐ Nicht anwendbar	
Das Verbot, Aufzüge grundsätzlich nicht zur Flucht zu benutzen, ist bekannt gemacht.	☐ Ja ☐ Nein ☐ Nicht anwendbar	

Seite 1 von 6

Checkpunkte	Handlungs-bedarf	Planungen/ Maßnahmen
Für das Abschalten wichtiger Anlagen ist ein Plan aufgestellt. Sachkundige Beschäftigte zur Umsetzung des Planes sind benannt und angewiesen.	☐ Ja ☐ Nein ☐ Nicht anwendbar	
Es ist festgelegt, welche wichtigen Unterlagen und Gegenstände zu sichern sind und in welcher Form dies zu geschehen hat. Wichtige Unterlagen sind eventuell als Kopie auszulagern – zum Beispiel Datenträger, Patente, Forschungsergebnisse.	☐ Ja ☐ Nein ☐ Nicht anwendbar	
Wichtige Unterlagen und Gegenstände sind gekennzeichnet und es ist festgelegt, durch wen und wohin sie abtransportiert werden.	☐ Ja ☐ Nein ☐ Nicht anwendbar	
Die Beschäftigten sind angewiesen, persönliches Eigentum nur dann mitzunehmen, wenn es am Arbeitsplatz unmittelbar greifbar ist.	☐ Ja ☐ Nein ☐ Nicht anwendbar	
Für die verschiedenen Betriebsbereiche sind geeignete Personen als Evakuierungsbeauftragte vorgesehen.	☐ Ja ☐ Nein ☐ Nicht anwendbar	
Das Verhalten und die Weisungsbefugnisse bei Evakuierungen sind auch mit den Unternehmen und Verantwortlichen von Fremdarbeitern geklärt.	☐ Ja ☐ Nein ☐ Nicht anwendbar	
Signale oder Anweisungen sind auch für die anwesenden Ausländer verständlich.	☐ Ja ☐ Nein ☐ Nicht anwendbar	
Es ist festgelegt, wie unmittelbar nach der Evakuierung ein möglichst guter Überblick der Vollständigkeit der Evakuierung zu erhalten ist. Betriebsfremde Personen sind dabei einbezogen.	☐ Ja ☐ Nein ☐ Nicht anwendbar	
Es ist angewiesen, dass private Pkw am Abstellort bleiben.	☐ Ja ☐ Nein ☐ Nicht anwendbar	

Seite 2 von 6

Checkpunkte	Handlungsbedarf	Planungen/ Maßnahmen
Es ist angewiesen, dass betriebsinterner Verkehr während der Evakuierung zu ruhen hat.	☐ Ja ☐ Nein ☐ Nicht anwendbar	
Es ist sichergestellt, dass die Beschäftigten regelmäßig über das Verhalten bei Evakuierungen unterwiesen werden.	☐ Ja ☐ Nein ☐ Nicht anwendbar	
Es ist sichergestellt, dass neue Beschäftigte bei Einstellung über die Sicherheitsmaßnahmen informiert werden.	☐ Ja ☐ Nein ☐ Nicht anwendbar	
Alarm- oder Evakuierungsübungen werden ohne Ankündigung des Zeitpunktes durchgeführt (in angemessenen Abständen, ca. alle 2 Jahre).	☐ Ja ☐ Nein ☐ Nicht anwendbar	
	☐ Ja ☐ Nein ☐ Nicht anwendbar	
	☐ Ja ☐ Nein ☐ Nicht anwendbar	

2. Durchführung einer Evakuierungsübung

Unternehmen:	
Betriebsteil:	
Verantwortliche(r) für die Übung:	
Weitere Beteiligte:	
Ausfüllender Beobachter:	
Datum:	
Uhrzeit (Beginn – Ende):	
Anzahl der betroffenen Personen:	
Dauer der Evakuierung:	
Unterschrift:	

Checkpunkte	**Handlungs-bedarf**	**Planungen/ Maßnahmen**
Funktionierte die Alarmierungseinrichtung?	☐ Ja ☐ Nein ☐ Nicht anwendbar	
War das Alarmsignal im gesamten Gebäude deutlich zu hören?	☐ Ja ☐ Nein ☐ Nicht anwendbar	
Unterschied sich das Alarmsignal deutlich vom anderen Signalen, zum Beispiel Pausensignal?	☐ Ja ☐ Nein ☐ Nicht anwendbar	
Waren Notausgänge und Fluchtwege einwandfrei benutzbar?	☐ Ja ☐ Nein ☐ Nicht anwendbar	
Wurden die Rettungswegtüren und ggf. die Seitenflügel geöffnet?	☐ Ja ☐ Nein ☐ Nicht anwendbar	

Seite 4 von 6

Checkpunkte	Handlungs-bedarf	Planungen/ Maßnahmen
Waren die Riegel der Rettungswegtüren unverschlossen?	☐ Ja ☐ Nein ☐ Nicht anwendbar	
Wurden auch Nebenräume (Toiletten) kontrolliert – soweit möglich?	☐ Ja ☐ Nein ☐ Nicht anwendbar	
Verlief die Übung ruhig und geordnet?	☐ Ja ☐ Nein ☐ Nicht anwendbar	
Wurde der Sammelplatz aufgesucht?	☐ Ja ☐ Nein ☐ Nicht anwendbar	
Wurde die Feuerwehrzufahrt freigehalten?	☐ Ja ☐ Nein ☐ Nicht anwendbar	
Haben die Verantwortlichen die Vollzähligkeit der Beschäftigten festgestellt?	☐ Ja ☐ Nein ☐ Nicht anwendbar	
War die betriebsinterne Einsatzleitung für alle Beteiligten erkennbar?	☐ Ja ☐ Nein ☐ Nicht anwendbar	
Hat sich die betriebsinterne Einsatzleitung einen Überblick über die Lage verschafft, um ggf. eintreffenden Rettungskräften einen Lagebericht geben zu können?	☐ Ja ☐ Nein ☐ Nicht anwendbar	
Wurde ein Kontrollgang durch das evakuierte Gebäude durchgeführt?	☐ Ja ☐ Nein ☐ Nicht anwendbar	

Seite 5 von 6

Checkpunkte	**Handlungs-bedarf**	**Planungen/ Maßnahmen**
Haben *alle* Personen das Gebäude verlassen? z.B. Reinigungskräfte, Fremdpersonen	☐ Ja ☐ Nein ☐ Nicht anwendbar	
Waren Fenster und Türen der evakuierten Räume geschlossen?	☐ Ja ☐ Nein ☐ Nicht anwendbar	
Waren Türen nicht *ver*schlossen?	☐ Ja ☐ Nein ☐ Nicht anwendbar	

<u>Verbesserungsvorschläge/Maßnahmen/Hinweise:</u>

Seite 6 von 6

8.4 Beurteilung einer Evakuierungsübung durch Beteiligte

Checkliste zur Beurteilung einer Evakuierungsübung durch Beteiligte

Evakuierungsübung am: ....

Ihr Standort beim Alarm: ....

Bitte teilen Sie uns Ihre Beobachtungen mit. Geben Sie das Formular bitte **heute noch** an Ihren Vorgesetzten zurück. Vielen Dank!

Checkpunkte	Handlungs-bedarf	Planungen/ Maßnahmen
Funktionierte die Alarmierungseinrichtung?	☐ Ja ☐ Nein ☐ Nicht anwendbar	
War das Alarmsignal an Ihrem Standort deutlich zu hören?	☐ Ja ☐ Nein ☐ Nicht anwendbar	
Unterschied sich das Alarmsignal deutlich von anderen Signalen, zum Beispiel Pausensignal?	☐ Ja ☐ Nein ☐ Nicht anwendbar	
Waren Notausgänge und Fluchtwege einwandfrei benutzbar?	☐ Ja ☐ Nein ☐ Nicht anwendbar	
Wurden die Rettungswegtüren und ggf. die Seitenflügel geöffnet?	☐ Ja ☐ Nein ☐ Nicht anwendbar	
Waren die Riegel der Rettungswegtüren auf Ihrem Fluchtweg unverschlossen?	☐ Ja ☐ Nein ☐ Nicht anwendbar	
Verlief die Übung aus Ihrer Sicht ruhig und geordnet?	☐ Ja ☐ Nein ☐ Nicht anwendbar	

Seite 1 von 2

Checkpunkte	**Handlungs-bedarf**	**Planungen/ Maßnahmen**
Wurde der Sammelplatz aufgesucht?	☐ Ja ☐ Nein ☐ Nicht anwendbar	
Haben die Verantwortlichen die Vollzähligkeit der Beschäftigten festgestellt?	☐ Ja ☐ Nein ☐ Nicht anwendbar	
Haben Sie Fenster und Türen der evakuierten Räume, die Sie verlassen haben, geschlossen?	☐ Ja ☐ Nein ☐ Nicht anwendbar	
Waren Türen <u>ver</u>schlossen?	☐ Ja ☐ Nein ☐ Nicht anwendbar	
Haben Sie beobachtet, dass jemand Nebenräume und Toiletten kontrolliert hat?	☐ Ja ☐ Nein ☐ Nicht anwendbar	

<u>Ihre Verbesserungsvorschläge/Maßnahmen/Hinweise (bitte Rückseite nutzen):</u>

Seite 2 von 2

8.5 Beurteilung zur Notwendigkeit des Austausches von Fluchtwegkennzeichnungen

Gefährdungsbeurteilung zur Fluchtwege-Kennzeichnung

Unternehmensdaten	
Firma:	
Straße:	
PLZ Ort:	

Aufnahme am:		**von – bis:**	
Niederlassung:			
Teilnehmer:			

	Checkpunkte	**Ja**	**Nein**	**Entf.**
1.	Im gesamten Unternehmen sind durchgängig <u>einheitliche</u> Fluchtwegzeichen			
	nach der ASR A1.3 (2007) angebracht?	☐	☐	☐
	nach der ASR A1.3 (2013) angebracht?	☐	☐	☐
2.	Alle Beschäftigten sind im Hinblick auf diese Zeichen unterwiesen worden, und zwar			
	vor Aufnahme der Tätigkeit.	☐	☐	☐
	jährlich wiederkehrend.	☐	☐	☐
	und dies wird dokumentiert.	☐	☐	☐
3.	Die Zeichen sind deutlich sichtbar und unbeschädigt?	☐	☐	☐
4.	Beim Aushang der Zeichen wurden die Vorgaben der ASR A1.3 beachtet?	☐	☐	☐
5.	Die gleichen Fluchtwegzeichen finden auf den Flucht- und Rettungsplänen Anwendung?	☐	☐	☐
6.	Die Flucht- und Rettungspläne sind aktuell?	☐	☐	☐
7.	Es ist kein Ereignis bekannt, bei dem die Fluchtwegzeichen nach ASR A1.3 (2007) zu Missverständnissen geführt hat?	☐	☐	☐

Seite 1 von 2

Vom Einsatz der Fluchtwegzeichen nach ASR A1.3 (2007) gehen

☐ keine Gefährdungen aus.

☐ folgende Gefährdungen aus: ....

....

....

Ein Austausch der Fluchtwegkennzeichnung nach ASR A1.3 (2007) ist derzeit

☐ nicht erforderlich.

☐ nicht erforderlich, wenn ....

....

....

☐ erforderlich.

____

Datum Name & Unterschrift des Beurteilenden des Unternehmers

Seite 2 von 2

8.6 Beurteilung der Notwendigkeit des Austausches von Brandschutzzeichen

Gefährdungsbeurteilung zur Brandschutz-Kennzeichnung

Unternehmensdaten	
Firma:	
Straße:	
PLZ Ort:	

Aufnahme am:		**von – bis:**	
Niederlassung:			
Teilnehmer:			

	Checkpunkte	**Ja**	**Nein**	**Entf.**
1.	Im gesamten Unternehmen sind durchgängig einheitliche Brandschutzzeichen			
	nach der ASR A1.3 (2007) angebracht?	☐	☐	☐
	nach der ASR A1.3 (2013) angebracht?	☐	☐	☐
2.	Alle Beschäftigten sind im Hinblick auf diese Zeichen unterwiesen worden, und zwar			
	vor Aufnahme der Tätigkeit.	☐	☐	☐
	jährlich wiederkehrend.	☐	☐	☐
	und dies wird dokumentiert.	☐	☐	☐
3.	Die Zeichen sind deutlich sichtbar und unbeschädigt?	☐	☐	☐
4.	Beim Aushang der Zeichen wurden die Vorgaben der ASR A1.3 beachtet?	☐	☐	☐
5.	Die gleichen Brandschutzzeichen finden auf den Flucht- und Rettungsplänen Anwendung?	☐	☐	☐
6.	Die Flucht- und Rettungspläne sind aktuell?	☐	☐	☐
7.	Es ist kein Ereignis bekannt, bei dem die Brandschutzzeichen nach ASR A1.3 (2007) zu Missverständnissen geführt hat?	☐	☐	☐

Seite 1 von 2

Vom Einsatz der Brandschutzzeichen nach ASR A1.3 (2007) gehen

☐ keine Gefährdungen aus.

☐ folgende Gefährdungen aus: ....

....

....

Ein Austausch der Brandschutzkennzeichnung nach ASR A1.3 (2007) ist derzeit

☐ nicht erforderlich.

☐ nicht erforderlich, wenn ....

....

....

☐ erforderlich.

____

Datum | Name & Unterschrift des Beurteilenden | des Unternehmers

Seite 2 von 2

8.7 Beurteilung der Länge von Flucht- und Rettungswegen

Gefährdungsbeurteilung zu Flucht- und Rettungswegelängen

Unternehmensdaten	
Firma:	
Straße:	
PLZ Ort:	

Aufnahme am:		**von – bis:**	
Niederlassung:			
Teilnehmer:			

Die Fluchtweglänge wird gemäß ASR A2.2 als die kürzeste Wegstrecke in Luftlinie gemessen vom entferntesten Aufenthaltsort bis zu einem Notausgang.

	Checkpunkte	**Ja**	**Nein**	**Entf.**
1.	Für Räume **ohne oder mit normaler Brandgefährdung** – ausgenommen die nachfolgenden Räume – beträgt die Länge der Flucht- und Rettungswege **nicht mehr als 35 m**?	☐	☐	☐
für alle anderen Räume:				
2.	Für Räume **mit erhöhter Brandgefährdung mit selbsttätigen Feuerlöscheinrichtungen** beträgt die Länge der Flucht- und Rettungswege **nicht mehr als 35 m**?	☐	☐	☐
3.	Für Räume **mit erhöhter Brandgefährdung <u>ohne</u> selbsttätige Feuerlöscheinrichtungen** beträgt die Länge der Flucht- und Rettungswege **nicht mehr als 25 m**?	☐	☐	☐
4.	Für Räume, in denen eine Gefährdung durch explosionsgefährliche Stoffe besteht, beträgt die Länge der Flucht- und Rettungswege **nicht mehr als 10 m?**	☐	☐	☐

Seite 1 von 2

Von den Flucht- und Rettungswegelängen gehen

☐ keine Gefährdungen aus.

☐ folgende Gefährdungen aus: ....

....

....

☐ Das Bauordnungsrecht erlaubt keine längeren Wege.

☐ Das Bauordnungsrecht erlaubt nach ....

folgende Längen: ....

Es sind derzeit Maßnahmen

☐ nicht erforderlich.

☐ nicht erforderlich, wenn ....

....

....

☐ wie folgt erforderlich: ....

....

....

....

____

Datum | Name & Unterschrift des Beurteilenden | des Unternehmers

Seite 2 von 2

Kapitel 9
Materialien im Downloadbereich

Zu diesem Buch steht Ihnen Zusatzmaterial im Downloadbereich zur Verfügung. Informationen zum Zugriff auf diese Dateien finden Sie auf der ersten Seite im Buch.

Folgende Materialien sind im Downloadbereich enthalten:

■ Vorschriften-Wortlaute

- Arbeitsschutzgesetz (ArbSchG)
- Arbeitsstättenverordnung (ArbStättV)
- ASR A1.3 Sicherheits- und Gesundheitsschutzkennzeichnung
- ASR A2.3 Fluchtwege und Notausgänge
- ASR A3.4 Beleuchtung
- DGUV Vorschrift 1 Grundsätze der Prävention

■ Aushänge und Muster

Erste Hilfe

- Standorte Erste-Hilfe-Material
- Telefonliste Ersthelfer

Brandschutz

- Brandschutzordnung Teil A
- Telefonliste Brandschutzhelfer
- Alarmplan im Brandfall
- Verhalten im Brandfall
- Einsatz von Feuerlöschern
- Einsatz von Löschdecke
- Einsatz von Löschschlauch

Notfall

- Verhalten bei Unfällen
- Ablauf Gebäuderäumung/Evakuierung
- Alarmblatt
- Notruf

Checklisten

- Checkliste – Beurteilung Evakuierungsübung durch Beobachter
- Checkliste – Beurteilung Evakuierungsübung durch Beteiligte
- Gefährdungsbeurteilung zur Fluchtwegekennzeichnung
- Gefährdungsbeurteilung zur Brandschutzkennzeichnung
- Gefährdungsbeurteilung zu Flucht- und Rettungswegelängen

Sicherheits- und Gesundheitsschutzkennzeichen

Handzeichen

Rettungszeichen

- E001 Rettungsweg/Notausgang (links)
- E002 Rettungsweg/Notausgang (rechts)
- E003 Erste Hilfe
- E004 Notruftelefon
- E007 Sammelstelle
- E009 Arzt
- E010 Automatisierter Externer Defibrillator (AED)
- E011 Augenspüleinrichtung
- E012 Notdusche
- E013 Krankentrage
- E016 Notausstieg mit Fluchtleiter
- E061 Wasser-Rettungsausrüstung
- D-E019 Notausstieg
- E033 Schiebetür öffnet nach rechts
- E034 Schiebetür öffnet nach links
- Rettungsweg/Notausgang (E002) mit Zusatzzeichen (Richtungspfeil) gerade
- Rettungsweg/Notausgang (E002) mit Zusatzzeichen (Richtungspfeil) schräg
- Richtungspfeil für Rettungszeichen sowie für Mittel und Einrichtungen zur Ersten Hilfe (gerade)
- Richtungspfeil für Rettungszeichen sowie für Mittel und Einrichtungen zur Ersten Hilfe (schräg)

Brandschutzzeichen

- F001 Feuerlöscher
- F002 Löschschlauch
- F003 Feuerleiter

- F004 Mittel und Geräte zur Brandbekämpfung
- F005 Brandmelder
- F006 Brandmeldetelefon
- Richtungspfeil für Brandschutzzeichen gerade
- Richtungspfeil für Brandschutzzeichen schräg

Kapitel 10
Anhang

10.1 Lösung zu Abbildung 22

Im roten Kreis befindet sich die Kennzeichnung! Diese Kennzeichnung entspricht **nicht** den Anforderungen der ASR A2.3!

10.2 Vorschriften

■ Gesetze und Verordnungen

Gesetz über die Durchführung von Maßnahmen des Arbeitsschutzes zur Verbesserung der Sicherheit und des Gesundheitsschutzes der Beschäftigten bei der Arbeit – Arbeitsschutzgesetz (ArbSchG) vom 7.8.1996

Verordnung über Arbeitsstätten – Arbeitsstättenverordnung (ArbStättV) vom 12.08.2004

Arbeitsstättenregeln

ASR A1.3 – Sicherheits- und Gesundheitsschutzkennzeichnung (Stand März 2022)

ASR A1.8 – Verkehrswege (Stand März 2022)

ASR A2.2 – Maßnahmen gegen Brände (Stand März 2022)

ASR A2.3 – Fluchtwege und Notausgänge, Flucht- und Rettungsplan (Stand März 2022)

ASR A3.4 Beleuchtung (Stand März 2022)

ASR V3 – Gefährdungsbeurteilung (Stand 30.6.2017)

Unfallverhütungsvorschriften

DGUV Vorschrift 1 – Grundsätze der Prävention (Stand August 2013)

Muster-Bauordnungen

Muster-Bauordnung (MBO) (Stand September 2019)

Muster-Verordnung über den Bau und Betrieb von Beherbergungsstätten – Muster-Beherbergungsstättenverordnung (MBeVO) (Stand Dezember 2000)

Muster einer Verordnung über den Bau und Betrieb von Garagen und Stellplätzen (Muster-Garagen- und Stellplatzverordnung M-GarStVO) (Stand September 2020)

Muster-Richtlinie über den Bau und Betrieb von Hochhäusern – Muster-Hochhaus-Richtlinie (MHHR) (Stand April 2008)

Muster-Richtlinie über den baulichen Brandschutz im Industriebau – Muster-Industriebau-Richtlinie (MIndBauRL) (Stand Mai 2019)

Muster-Verordnung über Prüfungen von technischen Anlagen nach Bauordnungsrecht – Muster-Prüfverordnung (MPrüfVO) (Stand März 2011)

Muster-Richtlinie über bauaufsichtliche Anforderungen an Schulen – Muster-Schulbau-Richtlinie (MSchulbauR) (Stand April 2009)

Musterverordnung über den Bau und Betrieb von Verkaufsstätten – Muster-Verkaufsstättenverordnung (MVKVO) (Stand September 1995)

Musterverordnung über den Bau und Betrieb von Versammlungsstätten – Muster-Versammlungsstättenverordnung (MVStättVO) (Stand Juni 2005)

10.3 Glossar

Aufenthaltsräume: Aufenthaltsräume sind Räume, die zum nicht nur vorübergehenden Aufenthalt von Menschen bestimmt oder geeignet sind.

Ausreichend lange Zeitdauer: Als ausreichend lange im Sinne § 29 MBO gilt der Widerstand gegen die Brandausbreitung, wenn die Feuerwiderstandsfähigkeit einer Trennwand der Feuerwiderstandsfähigkeit der tragenden und aussteifenden Bauteile des jeweiligen Geschosses entspricht. Trennwände müssen jedoch mindestens feuerhemmend (F30) sein. Trennwände zum Abschluss von „Räumen mit Explosions- oder erhöhter Brandgefahr" müssen mindestens feuerbeständig (F90 – AB) sein.

Beleuchtungsstärke: Die Beleuchtungsstärke E ist ein Maß für das auf eine Fläche auftreffende Licht. Die Beleuchtungsstärke wird in Lux [lx] gemessen.

Bewegungsflächen: Bewegungsflächen im Sinne der ASR A1.2 sind zusammenhängende unverstellte Bodenflächen am Arbeitsplatz, die mindestens erforderlich sind, um den Beschäftigten bei ihrer Tätigkeit wechselnde Arbeitshaltungen sowie Ausgleichsbewegungen zu ermöglichen.

Blendung: Unter Blendung versteht man subjektiv empfundene Störungen durch zu hohe Leuchtdichten oder zu große Leuchtdichteunterschiede im Gesichtsfeld.

Brandgefährdung: Gemäß ASR A2.2 liegt eine Brandgefährdung vor, wenn entzündbare Stoffe vorhanden sind und die Möglichkeit für eine Brandentstehung vorhanden ist. (Beachten Sie auch die Definitionen für „Normale Brandgefährdung" und „Erhöhte Brandgefährdung".)

Brandklassen: Brandklassen ist eine Einteilung nach DIN EN 2. Eine Übersicht findet sich in der ASR A2.2.

Brandmelder: Brandmelder dienen dem frühzeitigen Erkennen von Bränden und Auslösen eines Alarms. Dabei wird zwischen automatischen und nichtautomatischen Brandmeldern (Handfeuermeldern) unterschieden.

Brandschutzhelfer: Brandschutzhelfer sind die Beschäftigten, die der Arbeitgeber für Aufgaben der Brandbekämpfung benannt hat. Wie Brandschutzhelfer ausgebildet werden sollen, regeln die ASR A2.2 und die DGUV Information 205-023.

Brandschutzzeichen: Brandschutzzeichen sind Sicherheitszeichen, die Standort von Feuerlösch- und Feuermeldeeinrichtungen kennzeichnen.

Dynamisches Sicherheitsleitsystem: Nach ASR A2.3 ist ein dynamisches Sicherheitsleitsystem ein optisches Sicherheitsleitsystem, das seine Richtungsangaben ändern kann, indem es z.B. im Bedarfsfall automatisch auf eine konkrete Brandmeldung mit der Änderung der Fluchtrichtungsanzeige reagiert.

Elektrisch betriebenes Sicherheitsleitsystem: Ein elektrisch betriebenes Sicherheitsleitsystem ist ein optisches Sicherheitsleitsystem, das elektrisch betrieben und durch eine Stromquelle für Sicherheitszwecke gespeist wird.

Entstehungsbrände: Entstehungsbrände im Sinne der ASR A2.2 sind Brände mit so geringer Rauch- und Wärmeentwicklung, dass noch eine gefahrlose Annäherung von Personen bei freier Sicht auf den Brandherd möglich ist.

Erhöhte Brandgefährdung: Eine „Erhöhte Brandgefährdung" liegt gemäß ASR A2.2 vor, wenn Stoffe mit erhöhter Entzündbarkeit vorhanden sind, durch betriebliche Verhältnisse große Möglichkeiten für eine Brandentstehung gegeben sind und in der Anfangsphase des Brandes mit einer schnellen Brandausbreitung zu rechnen ist.

Evakuierungsübung: Im Rahmen einer Räumungsübung wird überprüft, ob eine kurzfristige Evakuierung (Räumung) der im Anwendungsbereich dieser Regel genannten Bereiche im Gefahrenfall schnell und sicher möglich ist.

Feuerlöscheinrichtungen: Feuerlöscheinrichtungen im Sinne der ASR A2.2 sind tragbare oder fahrbare Feuerlöscher, Wandhydranten und weitere handbetriebene Geräte zur Bekämpfung von Entstehungsbränden.

Flächen für Sicherheitsabstände: Flächen für Sicherheitsabstände sind nach ASR A1.2 die Bodenflächen an Arbeitsplätzen, Arbeitsmitteln, Einbauten und Einrichtungen, die erforderlich sind, um Gefährdungen von Beschäftigten zu vermeiden

Fluchtwege: Fluchtwege sind gemäß ASR A2.3 Verkehrswege, an die besondere Anforderungen zu stellen sind und die der Flucht aus einem möglichen Gefährdungsbereich und in der Regel zugleich der Rettung von Personen dienen. Fluchtwege führen ins Freie oder in einen gesicherten Bereich. Fluchtwege im Sinne dieser Regel sind auch die im Bauordnungsrecht definierten Rettungswege, sofern sie selbstständig begangen werden können. (Beachten Sie auch die Informationen zu Hauptfluchtweg und Nebenfluchtweg.)

Fluchtweglänge: Fluchtweglänge ist die kürzeste Wegstrecke in Luftlinie gemessen vom entferntesten Aufenthaltsort bis zu einem Notausgang.

Gänge zu den Arbeitsplätzen: Gänge zu den Arbeitsplätzen sind nach ASR A1.2 Verkehrswege, die dem ungehinderten Zutritt zu den persönlich zugewiesenen Arbeitsplätzen dienen (siehe ASR A1.8 „Verkehrswege").

Gebäudeklasse: Gebäude werden nach § 2 MBO in folgende Gebäudeklassen eingeteilt:

1. Gebäudeklasse 1:
   a) freistehende Gebäude mit einer Höhe bis zu 7 m und nicht mehr als zwei Nutzungseinheiten von insgesamt nicht mehr als 400 m^2 und
   b) freistehende land- oder forstwirtschaftlich genutzte Gebäude,
2. Gebäudeklasse 2:
   Gebäude mit einer Höhe bis zu 7 m und nicht mehr als zwei Nutzungseinheiten von insgesamt nicht mehr als 400 m^2,
3. Gebäudeklasse 3:
   sonstige Gebäude mit einer Höhe bis zu 7 m,
4. Gebäudeklasse 4:
   Gebäude mit einer Höhe bis zu 13 m und Nutzungseinheiten mit jeweils nicht mehr als 400 m^2,
5. Gebäudeklasse 5:
   sonstige Gebäude einschließlich unterirdischer Gebäude.

Gefangener Raum: Ein gefangener Raum ist nach ASR A2.3 ein Raum, der ausschließlich durch einen anderen Raum betreten oder verlassen werden kann.

Gesicherter Bereich: Ein gesicherter Bereich ist nach ASR A2.3 ein Bereich, in dem Personen vorübergehend vor einer unmittelbaren Gefahr für Leben und Gesundheit geschützt sind. Als gesicherte Bereiche gelten z.B. benachbarte Brandabschnitte oder notwendige Treppenräume.

Hauptfluchtweg: Den Hauptfluchtweg bilden die für die Flucht erforderlichen Verkehrswege und Türen, die nach dem Bauordnungsrecht notwendigen Flure und Treppenräume für notwendige Treppen sowie die Notausgänge.

Langnachleuchtendes Sicherheitsleitsystem: Ein langnachleuchtendes Sicherheitsleitsystem ist laut ASR A2.3 ein optisches Sicherheitsleitsystem, das aus langnachleuchtenden Komponenten besteht, die nach Anregung durch Licht ohne weitere Energiezufuhr nachleuchten.

Langnachleuchtendes Sicherheitszeichen: Ein langnachleuchtendes Sicherheitszeichen ist ein Sicherheitszeichen, das nach Ausfall der Allgemeinbeleuchtung eine bestimmte Zeit nachleuchtet. Obwohl die Sicherheitsfarben

Rot und Grün im nachleuchtenden Zustand nicht dargestellt werden können, bleiben die graphischen Symbole und geometrischen Formen erhalten und es besteht ein Sicherheitsgewinn gegenüber dem nicht langnachleuchtenden Sicherheitszeichen.

Leitmarkierungen: Leitmarkierungen nach ASR A2.3 sind gut sichtbare durchgehende Markierungen auf dem Fußboden oder an Wänden, wobei die Oberkante der Markierung nicht höher als 40 cm über dem Fußboden liegt. Sie markieren den Verlauf von Fluchtwegen.

Leuchtdichte: Die Leuchtdichte beschreibt den Helligkeitseindruck einer beleuchteten oder leuchtenden Fläche.

Löschmitteleinheit: Die Löschmitteleinheit (LE) ist eine eingeführte Hilfsgröße, die es ermöglicht, die Leistungsfähigkeit unterschiedlicher Feuerlöscherbauarten zu vergleichen und das Gesamtlöschvermögen unterschiedlicher Feuerlöscher zu ermitteln.

Löschvermögen: Das Löschvermögen beschreibt die Leistung eines Feuerlöschers, ein genormtes Brandobjekt sicher abzulöschen.

Nebenfluchtweg: Der Nebenfluchtweg führt durch einen zweiten Notausgang, der als Notausstieg ausgebildet sein kann.

Normale Brandgefährdung: Eine „Normale Brandgefährdung“ liegt, gemäß ASR A2.2 vor, wenn die Wahrscheinlichkeit einer Brandentstehung, die Geschwindigkeit der Brandausbreitung, die dabei freiwerdenden Stoffe und die damit verbundene Gefährdung für Personen, Umwelt und Sachwerte vergleichbar sind mit einer Büronutzung.

Notausgang: Gemäß ASR A2.3 ist ein Notausgang ein Ausgang im Verlauf eines Fluchtweges, der direkt ins Freie oder in einen gesicherten Bereich führt.

Notausstieg: Der Notausstieg ist in ASR A2.3 ein im Verlauf eines zweiten Fluchtweges ein zur Flucht aus einem Raum oder einem Gebäude geeigneter Ausstieg.

Optische Sicherheitsleitsysteme: Optische Sicherheitsleitsysteme im Sinne der ASR A2.3 sind durchgehende Leitsysteme, die mit Hilfe optischer Kennzeichnungen und Richtungsangaben einen sicheren Fluchtweg vorgeben. Grundsätzlich sind dies bodennahe Systeme, die an der Wand angebracht sind und deren Oberkante nicht höher als 40 cm über dem Fußboden liegt, sowie Sicherheitsleitsysteme, die auf dem Fußboden angebracht sind. Sie bestehen aus Sicherheitszeichen und Leitmarkierungen. Sie können langnachleuchtend, elektrisch betrieben oder als Kombination beider Systeme ausgeführt werden. Dazu können auch die Umrandung von Türen in Fluchtwegen sowie die nachleuchtende Hinterlegung von Türgriffen zählen. Optische Sicherheitsleitsysteme sind kein Ersatz für gegebenenfalls erforderliche hochmontierte Rettungszeichen.

Rettungszeichen: Rettungszeichen sind Sicherheitszeichen, die den Flucht- und Rettungsweg oder Notausstieg, den Weg zu einer Erste-Hilfe-Einrichtung oder diese Einrichtung selbst kennzeichnen.

Sicherheitsbeleuchtung: Die Sicherheitsbeleuchtung ist eine Beleuchtung, die dem gefahrlosen Verlassen der Arbeitsstätte und der Verhütung von Unfällen dient, die durch Ausfall der künstlichen Allgemeinbeleuchtung entstehen können.

Sicherheitszeichen: Sicherheitszeichen sind Zeichen, die durch eine Kombination aus geometrischer Form und Farbe (z.B. nach ASR A1.3) sowie graphischem Symbol eine bestimmte Sicherheits- und Gesundheitsschutzaussage tätigen.

Sonderbauten: Sonderbauten sind nach § 3 MBO Anlagen und Räume besonderer Art oder Nutzung, die einen der nachfolgenden Tatbestände erfüllen:

1. Hochhäuser (Gebäude mit einer Höhe nach Absatz 3 Satz 2 von mehr als 22 m),
2. bauliche Anlagen mit einer Höhe von mehr als 30 m,
3. Gebäude mit mehr als 1600 m^2 Grundfläche des Geschosses mit der größten Ausdehnung, ausgenommen Wohngebäude und Garagen,
4. Verkaufsstätten, deren Verkaufsräume und Ladenstraßen eine Grundfläche von insgesamt mehr als 800 m^2 haben,
5. Gebäude mit Räumen, die einer Büro- oder Verwaltungsnutzung dienen und einzeln eine Grundfläche von mehr als 400 m^2 haben,
6. Gebäude mit Räumen, die einzeln für die Nutzung durch mehr als 100 Personen bestimmt sind,
7. Versammlungsstätten
   a) mit Versammlungsräumen, die insgesamt mehr als 200 Besucher fassen, wenn diese Versammlungsräume gemeinsame Rettungswege haben,
   b) im Freien mit Szenenflächen sowie Freisportanlagen jeweils mit Tribünen, die keine Fliegenden Bauten sind und insgesamt mehr als 1000 Besucher fassen,

8. Schank- und Speisegaststätten mit mehr als 40 Gastplätzen in Gebäuden oder mehr als 1000 Gastplätzen im Freien, Beherbergungsstätten mit mehr als 12 Betten und Spielhallen mit mehr als 150 m^2 Grundfläche,
9. Gebäude mit Nutzungseinheiten zum Zwecke der Pflege oder Betreuung von Personen mit Pflegebedürftigkeit oder Behinderung, deren Selbstrettungsfähigkeit eingeschränkt ist, wenn die Nutzungseinheiten
   a) einzeln für mehr als 6 Personen oder
   b) für Personen mit Intensivpflegebedarf bestimmt sind, oder
   c) einen gemeinsamen Rettungsweg haben und für insgesamt mehr als 12 Personen bestimmt sind,
10. Krankenhäuser,
11. sonstige Einrichtungen zur Unterbringung von Personen sowie Wohnheime,
12. Tageseinrichtungen für Kinder, Menschen mit Behinderung und alte Menschen, ausgenommen Tageseinrichtungen einschließlich Tagespflege für nicht mehr als zehn Kinder,
13. Schulen, Hochschulen und ähnliche Einrichtungen,
14. Justizvollzugsanstalten und bauliche Anlagen für den Maßregelvollzug,
15. Camping- und Wochenendplätze,
16. Freizeit- und Vergnügungsparks,
17. Fliegende Bauten, soweit sie einer Ausführungsgenehmigung bedürfen,
18. Regallager mit einer Oberkante Lagerguthöhe von mehr als 7,50 m,
19. bauliche Anlagen, deren Nutzung durch Umgang oder Lagerung von Stoffen mit Explosions- oder erhöhter Brandgefahr verbunden ist,
20. Anlagen und Räume, die in den Nummern 1 bis 19 nicht aufgeführt und deren Art oder Nutzung mit vergleichbaren Gefahren verbunden sind.

10.4 Stichwortverzeichnis